"もしも"
絶滅した生物が
進化し続けたなら

ifの
地球生命史

著者　土屋　健
イラスト　服部雅人
監修　藤原慎一　椎野勇太

技術評論社

if

はじめに

歴史に「if（もしも）」はない。

人類史においてよく言われることですが、生命史においても変わりはないでしょう。

しかし、人類史も生命史も「if」を想像することは、とても楽しいものです。「if」である以上、それは「フィクション」になります。そんなフィクションを楽しむことは、ifではない"正史"に興味をもつ一つのきっかけになるのでは、と思います。

この本では、生命史の「if」にせまりました。

人類が文字記録を残す前の時代……地質時代。

地質時代に生き、そして滅んでいった生物……古生物たち。

もしも、古生物が"その時"に滅びず、子孫を残し、進化を重ねることができたのなら、いったいどのような生物が登場したのでしょうか？

多くの古生物に関して、"滅びた理由"は定かではありません。本書では、その滅びた理由は、とりあえず脇に置いておいて、「滅びなかったら」に注目しました。

ある古生物が、「"なんらかの理由"で滅びなかったとしたら」、いったいどのような生物へと進化を遂げたのか？

生命史において、生物は互いに複雑な関係を築いています。ある生物が「特定の環境に進出しなかったとしたら」、別の生物がその環境に進出し、その環境に適応した姿へ進化した可能性も考えられます。

生命史に関連づけられるさまざまな世界線とその物語。

古生代の、あの甲冑魚が滅びなかったとしたら。

中生代の、あの肉食恐竜が滅びなかったとしたら。

新生代の、あの哺乳類が海洋進出をしなかったとしたら。

この本では、そんな「ifの物語」を、合計25話紡ぎました。

もっとも、いくら「ifの世界」であるとはいえ、この本に登場する"ifの古生物"は、完全な想像ではありません。

これまでの研究によって明らかになっている進化の系統、生態、他の古生物たちとの関係、周囲の環境などの情報をもとに、「この系譜で進化してきた古生物が、もしも、このまま進化を遂げたら、こんな種が登場したのではないか」と"思考実験"を行いました。

この思考実験を監修してくださったのは、古生物の機能形態学を専門の一つとされているお二人、名古屋大学博物館の藤原慎一講師と新潟大学の椎野勇太准教授です。藤原講師には脊椎動物分野、椎野准教授には無脊椎動物分野で、細部にわたってご指導をいただきました。お二人とも、お忙しい中、本当にありがとうございました。

ifの世界を素晴らしいイラストで再現してくださったのは、服部雅人さんです。専門家と素晴らしいイラストレーターがいてこそ、多くの生物の"創造"につながっています。

そして、この本に登場する古生物には、仮想生物でありながらも、藤原講師と椎野准教授に学名（種名）をつけていただきました。その学名のチェックに際して、恐竜の学名に関する著作のある松田眞由美さんにご協力いただきました。

デザインはWSB.inc.の横山明彦さん、編集は技術評論社の大倉誠二さんという"いつもの陣容"です。

みなさんに、古生物のもつ「思考実験を行う楽しさ」を感じていただければ、幸いです。

2021年1月

土屋　健

Contents

CHAPTER I
古生代の if

古生代正史

　今から約5億4100万年前、古生代の最初の時代であるカンブリア紀がはじまった。この時代にまず繁栄を遂げたのは三葉虫綱であり、生態系の頂点にたったのはラディオドンタ類だった。

　約4億8500万年前にオルドビス紀になると、ラディオドンタ類は急速に衰退する。その子孫はデボン紀まで命脈を保つものの、大型種はオルドビス紀初頭のエーギロカシスを最後に確認されていない。そして、この時代から新たにウミサソリ類が台頭した。

　ウミサソリ類の繁栄は約4億4400万年前に始まったシルル紀に事実上の"極み"に達し、約4億1900万年前から始まるデボン紀では、新たな勢力である魚の仲間、とくに板皮類にその座を譲った。板皮類はデボン紀の海で大いに繁栄するも、その子孫をのちに残すことはなかった。また、三葉虫類はこの時代を最後に多様性を縮小させることになった。

　約3億5900万年前に始まった石炭紀、約2億9900万年前に始まった

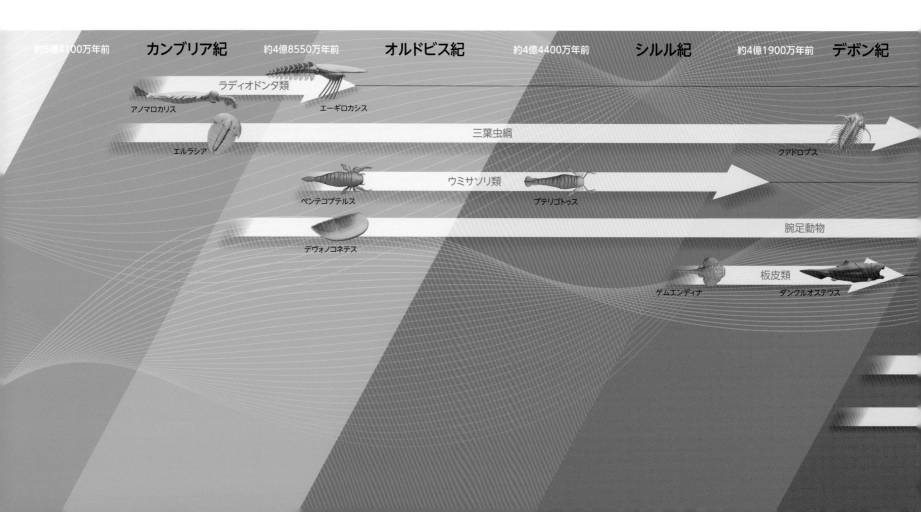

ペルム紀は、四足動物の本格的な繁栄が展開された。その主流は、両生類であり、単弓類だった。両生類に分椎類やディプロカウルス科、単弓類にエダフォサウルス科などが登場したのもこの時代である。また、爬虫類の1グループとしてパレイアサウルス上科なども繁栄した。そして、古生代の海底で栄えた無脊椎動物のグループが腕足動物である。

こうして築かれた古生代の生態系は、約2億5200万年前に発生した大量絶滅事件でリセットされることになる。

ifの生物たち

大きく分けて、2通りの"世界線"を用意した。ラディオドンタ類などは「繁栄を続けることができた世界線」、四足動物たちには「滅びなかった世界線」である。それぞれのifの世界で、彼らはどのような進化を遂げたのだろうか。

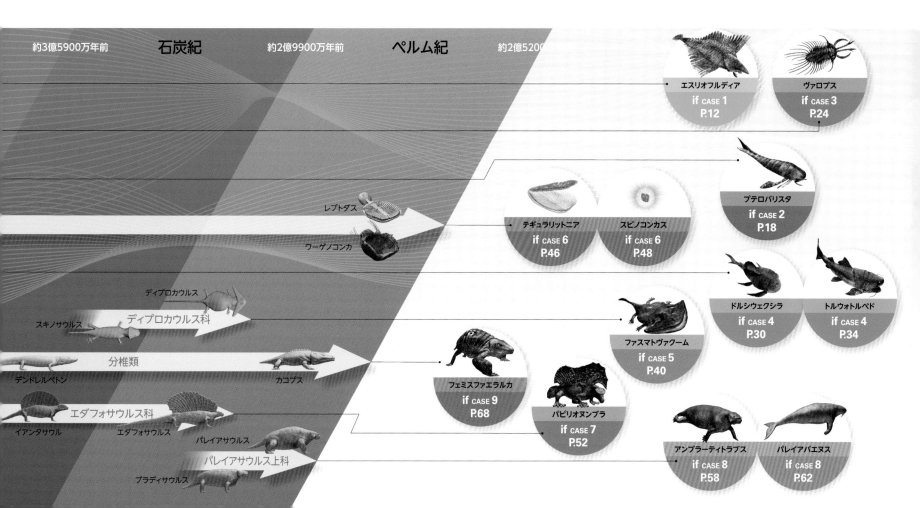

約3億5900万年前　石炭紀　約2億9900万年前　ペルム紀　約2億5200

エスリオフルディア
if CASE 1
P.12

ヴァロプス
if CASE 3
P.24

プテロバリスタ
if CASE 2
P.18

レプトダス

ワーゲノコンカ

テギュラリットニア
if CASE 6
P.46

スピノコンカス
if CASE 6
P.48

ドルシウェクシラ
if CASE 4
P.30

トルウォトルペド
if CASE 4
P.34

ディプロカウルス

ディプロカウルス科

スキノサウルス

ファスマトヴァクーム
if CASE 5
P.40

分椎類

デンドレルペトン

カコプス

フェミスファエラルカ
if CASE 9
P.68

パピリオヌンブラ
if CASE 7
P.52

エダフォサウルス科

イアンタサウル

エダフォサウルス

パレイアサウルス

パレイアサウルス上科

ブラディサウルス

アンブラーティトラプス
if CASE 8
P.58

パレイアパエヌス
if CASE 8
P.62

アノマロカリス類 （ラディオドンタ類）

史上最初期の覇者であるラディオドンタ類。
繁栄の末にたどり着く、その優雅な姿とは!?

側面

正面

上面

DATA FILE

学名

エスリオフルディア・マーテルマリス

Esuriohurdia matrimaris

分類

ラディオドンタ類 フルディア科

近縁種

フルディア・ヴィクトリア

Hurdia victoria

語源

Esuriohurdia：飢えたフルディア（「フ
ルディア」は近縁有名
種にちなむもので、元
来は化石発見地の近
くにあるフルド山を指す）

matermaris：海の母

頭部を覆う細長い甲皮は、
フルディア類で特に発達し
ている。

下面

ラディオドンタ類に共通す
る触手（大付属肢）。ただし、
アノマロカリス類のそれと
比較すると、フルディア類
のそれはかなり小さい。

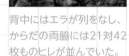

背中にはエラが列をなし、
からだの両脇には21対42
枚ものヒレが並んでいた。

Esuriofrudia matrimaris

エスリオフルディア・マーテルマリス

ifのSTORY

　この動物の泳ぎを見ていると、どこからともなくクラシック音楽が聞こえてきそうだ。曲目は……たとえば、パッヘルベルの『カノン』。

　優雅に悠然。

　そうした言葉がよく似合う。

　エスリオフルディアである。

　平たいからだの両脇には21対42枚ものヒレがならぶ。左右それぞれのヒレが、まるで1枚の布のように連動して波打つ。

　頭部の先端は前方に向かって突出し、その突出部の下は凹んでいる。その凹みの奥にあるのは波動砲……ではなかった、大きな口だ。

　口の下には小さな触手が1対2本。その内側には鋭いトゲが並んでいた。

　目立つ特徴として、大きな眼をあげることもできる。眼の直径は約10 cm。その眼にはびっしりと小さなレンズが並んでいた。つまり、エスリオフルディアは、複眼だった。

　未だかつて、この複眼のレンズの数を把握したデータはない。複眼のレンズの数は、デジタルカメラの画素数に相当する。びっしりと並ぶ細かなレンズを見れば、エスリオフルディアの眼がかなり上等だったのは間違いなさそうだ。

　高性能の眼が何かを捉えた。

　エスリオフルディアが加速する。

　その先に……どうやらプランクトンが群れているらしい。

　カノンのハイライト。脳内でボリュームが大きくなる。

　ある水塊のまわりを通り過ぎては急旋回して戻り、さらに宙返りする。

　はるか上空から降り注ぐ日光が、エスリオフルディアのからだを照らすスポットライトのようだ。

　進行方向にいるプランクトンは、突出部の下に取り込まれたら最後、凹みの"通路"を経て口へ一直線に吸い込まれていく。

　大量の水とととともに吸い込まれたプランクトンは、体内で濾しとられ、不要となった水だけがエスリオフルディアの背中に並ぶエラから放出されていく。

　全長3 mのエスリオフルディアは単独行動が基本。

　繁殖行動を行うときだけ雌雄でつがいをつくるとされるが、広い海でどのように同種を見つけるのかは謎に包まれている。

　そもそも縄張りのようなものがあるかどうかは不明。つがいどころか、2匹が泳いでいる姿を見ることもほとんどない。

　曲の終わりが見えてきた。

　食べ尽くしたのだろうか。エスリオフルディアの演舞が唐突に終焉し、再びヒレをゆっくりと動かしながら、この海域を去っていく。

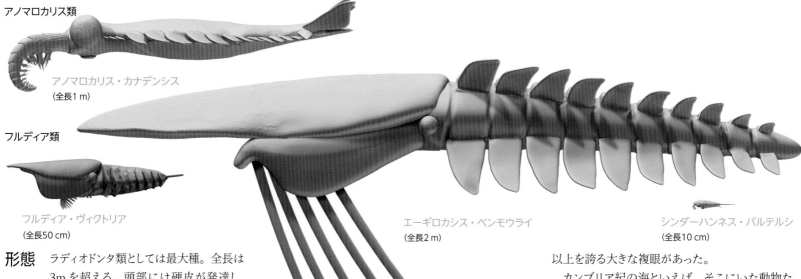

ラディオドンタ類

アノマロカリス類

アノマロカリス・カナデンシス
（全長1m）

フルディア類

フルディア・ヴィクトリア
（全長50cm）

エーギロカシス・ベンモウライ
（全長2m）

シンダーハンネス・バルテルシ
（全長10cm）

形態 ラディオドンタ類としては最大種。全長は3mを超える。頭部には硬皮が発達し、前方に向かって突出する。その底面は上に凹型の形状で、凹部分は口までまっすぐになっている。触手（「大付属肢」と呼ばれる）はからだ全体からみれば、かなり小さい。

ヒレは幅がせまいものの、左右合計で42枚に達する。そのヒレの一部と、背中にはエラが並んでいた。

生態 泳ぎながらプランクトンを食べる。ヒレをゆっくりと波打つように動かしながら悠然と泳ぐことが多いが、プランクトンに襲いかかる時は遊泳速度が上がる。突出した甲皮の底側はレールのようになっており、進路にいるプランクトンは自然と本種の口まで運ばれる。大付属肢はほとんど使わない。

進化の系譜 アノマロカリス類は、古生代カンブリア紀のカナダに生息していた海棲動物のアノマロカリス・カナデンシス（*Anomalocaris canadensis*）に代表されるグループだ。アノマロカリス・カナデンシスは全長1m、ナマコのようなからだをもち、その背面にはエラが並び、両脇には多数のヒレがある。頭部の先端からは大付属肢と呼ばれる"触手"が2本。そして大付属肢の内側には、鋭いトゲが並んでいた。また、頭部の上面からは1対2本の柄が伸びていて、その先にはレンズ数1万6000個

以上を誇る大きな複眼があった。

カンブリア紀の海といえば、そこにいた動物たちは手のひらより小さなものがほとんど。そんな世界に出現した全長1mのアノマロカリス・カナデンシスは、圧倒的な巨体を誇る強者だった。カンブリア紀は、本格的な生存競争……食う・食われるの関係が始まった最初の時代でもある。すなわち、アノマロカリス・カナデンシスは「史上最初期の覇者」でもあったのだ。

さて、アノマロカリス類は、より広いグループとして、ラディオドンタ類に属している。ラディオドンタ類には、アノマロカリス類の近縁種がいくつも含まれている。

ラディオドンタ類を構成する1グループには、アノマロカリス・カナデンシスと同時代の同地域に生息していたフルディア・ヴィクトリア（*Hurdia victoria*）に代表されるフルディア類がある。フルディ

if のラディオドンタ類
エスリオフルディア・マーテルマリス
（全長3 m）

benmoulai）が確認されている。フルディア・ヴィクトリアと同じような形の頭部をもつこの動物は、アノマロカリス・カナデンシス2匹分にあたる全長2 mの巨体。からだの背面にはエラが並び、その脇には上下2列のヒレが並んでいた。上下2列にヒレが並ぶというこの特徴は、かなり稀有だ。エーギロカシス・ベンモウライの大付属肢には、目の細かい櫛のようなつくりがあった。この櫛を使って、プランクトンを捕まえ食べていたのではないか、とみられている。

　フルディア類はラディオドンタ類の中では最大の多様性を誇る。しかし、それでもオルドビス紀以降にはその繁栄を引き継げなかった。化石の産出だけに注目すれば、デボン紀のドイツの海には、フルディア類のシンダーハンネス・バルテルシ（*Schinderhannes bartelsi*）の生息が確認されている。シンダーハンネス・バルテルシは大付属肢や、大きな眼などのラディオドンタ類によくみられる特徴をもっているが、全長は10 cmほどにすぎず、もはや強者ではなかったのである。

　ラディオドンタ類の衰退の理由は今なおよくわかっていない。ウミサソリ類や頭足類、あるいは魚の仲間の台頭とタイミング的には近い。もしも、オルドビス紀以降もラディオドンタ類の繁栄が続いたとしたら？　エスリオフルディアはその可能性の一つとして創造した。

ア・ヴィクトリアは全長50 cmほど。アノマロカリス・カナデンシスほどではないにしろ、当時としては十分に大型だった。全長のほぼ半分を非鉱物の甲皮で覆われた頭部が占めていた。その甲皮は、前方に向かって鋭く尖る。頭部の付け根近くには、大きな眼球が左右に1対ずつ。そして、頭部の底には1対の触手があった。

　フルディア・ヴィクトリアを特徴づける先端の鋭い甲皮がいったい何の役に立っていたのかは定かではない。海底をこの頭で掘り起こしていた

のではないか、という指摘もあれば、獲物を追い込む際に使っていたのではないか、という指摘もある。

　ラディオドンタ類の多くは、カンブリア紀の終焉とともに姿を消したとみられている。オルドビス紀以降の地層からは、化石が見つかっていないのだ。しかし、フルディア類だけは子孫を残し続けている。

　オルドビス紀のモロッコの海には、フルディア類のエーギロカシス・ベンモウライ（*Aegirocassis*

2

ウミサソリ類

一時代を築くも、魚に追いやられたウミサソリ類。
もしも魚が台頭しなければ、大海には彼らが泳
ぎ回っていたのかもしれない。

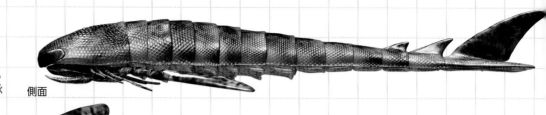

側面

DATA FILE

学名
プテロバリスタ・ガジャルグ
Pteroballista gadearg

分類
節足動物 鋏角類 ウミサソリ類

近縁有名種
プテリゴトゥス・アングリカス
Pterygotus anglicus

語源
Pteroballista： 翼をもったバリスタ（大型弩）
gadearg：ケルト神話に登場するディルムッド・
オディナが持った2本の槍のうちの
赤槍（Gae Dearg）

上面

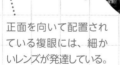

正面を向いて配置され
ている複眼には、細か
いレンズが発達している。

遊泳性のウミサソリ類には大なり
小なり発達しているパドル状の付
属肢。本種の場合、この"パドル"
が大きく、アシカのヒレに近い形
状をしている。また、付属肢の根
元部分も太い。

先端が槍のようになっている付属肢。
通常時は、頭部の底に"格納"されている。

下面

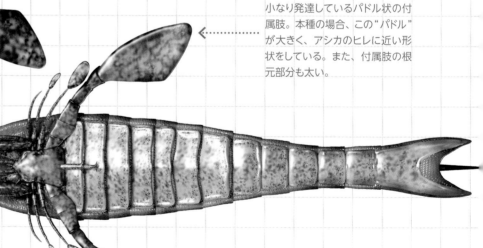

Pteroballista gadearg

プテロバリスタ・ガジャルグ

ifのSTORY

　この海域には、「コイツに狙われたら終わり」というヌシがいる。

　いつのころから、そのヌシは海域全体を回遊し、空腹になったら手当たり次第に海洋動物を狩るようになった。一度、狙われたら最後。逃げようがない。

　今もまた、1匹の魚がヌシの海域に侵入した。

　トゲのようなヒレをもつその魚は、「棘魚類（きょくぎょるい）」と呼ばれるグループに属している。背ビレ、胸ビレ、その全てがトゲとなり、それゆえに高い防御力を誇っている。他の海域では、好んでこの魚を狩るような動物はいなかった。

　なによりも、その大きな眼は、自分のまわりが「安全」であると告げている。見渡す限りの海の中に、自分よりも大きな動物は存在していない。ゆっくりと泳ぎながら休息をとり、自身も狩りができる。

　……はずだった。

　ゆらり、と海がゆれたように見えた。

　次の瞬間、ものすごいスピードで魚の3倍ほどのからだの大きさがある〝飛行物体〟がやってきた。

　いや、水中であるから「飛行物体」という表現は正しくない。

　しかし、その様は空を駆けるがごとく。

　扁平なからだ。そのからだの後端には、「尾翼」ともいうべき構造が発達している。

　頭部からはいくつものあしがのび、その中でひときわ長い1対の先端は、まるでオールのように平たくなっていた。

　そのオール型のあしを動かし、からだをくねらせるたびに、その動物は速くなった。

　頭部前面を占める大きな複眼が、キラリと光る。

　プテロバリスタ！

　ヌシだ。ヌシである所以の一つは、その高速遊泳性能にある。魚はその性能を見誤っていた。

　それでも、なんとか逃げ切ろうと、急速旋回を繰り返しながら不規則運動をとる。なにしろ自分の方が小柄である。不規則な泳ぎにはついてこれまい。

　そう思った瞬間だった。

　とすッ。

　プテロバリスタがのばした〝槍〟が、魚の腹を貫いていた。

　高速遊泳だけがプテロバリスタのヌシたる所以ではない。頭部の底に格納されていた槍のようなあしも、彼の武器だった。

形態　遊泳性能を追求したスタイル。主な推進力は、最後部のパドル型付属肢によって生み出される。

　その機能に緩衝しないように、それ以外の付属肢は小さくなっている。尾部の先端は、飛行

機の垂直尾翼のようなつくりになっており、水中における姿勢の安定性に一役買っていた。また、体表にはゴルフボールの表面のような凹みがあり、これも水の抵抗を軽減することに役立っていたとみられている。

生態

高速遊泳型の狩人。発達した複眼によって、極めて優秀な視力をもっており、「獲物に気づかれる前に獲物を発見し」「瞬時に近寄って狩る」ことが得意。頭部の底には"槍型付属肢"を格納しており、獲物が"射程内"に入るとその付属肢を瞬時に伸長させて、槍を獲物に突き刺していた。

進化の系譜

ウミサソリ類は、現生のサソリ類に近縁とされる節足動物のグループである。文字通り、海棲種を中心とする。

知られている限り最も古いウミサソリ類の化石は、アメリカに分布するオルドビス紀中期の地層から見つかっている。その名は、ペンテコプテルス・デコラヘンシス（*Pentecopterus decorahensis*）。

ペンテコプテルスは全長約1.7 m。当時の海ではなかなかの大きさだった。台形状の頭胸部をもち、そこには小さな眼が二つ。頭胸部の腹側には、6対12本の付属肢が伸びている。

6対のうち、先頭の1対は先端がハサミになっている。サイズは小さく、頭胸部の下から出ることはない。第2、第3、第4、第5、第6の付属肢は頭胸部の底から外に向かって伸び、このうちの第2、第3、第4の付属肢には大小のトゲがついていた。そして、第6の付属肢は先端が扁平で幅が広くなり、オールのようになっていた。この先端がオール状の構造は、その後に出現する多くのウミサソリ類に共通する特徴となる。

頭胸部の後ろは、前腹部、後腹部と続き、次第に幅が狭くなる。後腹部の先端は、クレイモアのような幅広の剣に似

たつくりとなっている。こうしたつくりは「尾剣」（びけん）と呼ばれ、ウミサソリ類を特徴づけるものであり、種によって形が異なっていた。

ペンテコプテルスは「知られている限り最古」の種ではあるけれども、その姿はウミサソリ類全般に通じる特徴をすでに備えている。そのため、ペンテコプテルスよりも原始的で、まだこうした特徴を有していない種がいた可能性は高いとみられている。いつか、そうした種の化石が見つかるかもしれない。

ウミサソリ類はその後大いに繁栄し、100種を超える多様性をもつようになる。オルドビス紀の次であるシルル紀、そしてデボン紀の前半までの間でとくに繁栄した。

ウミサソリ類

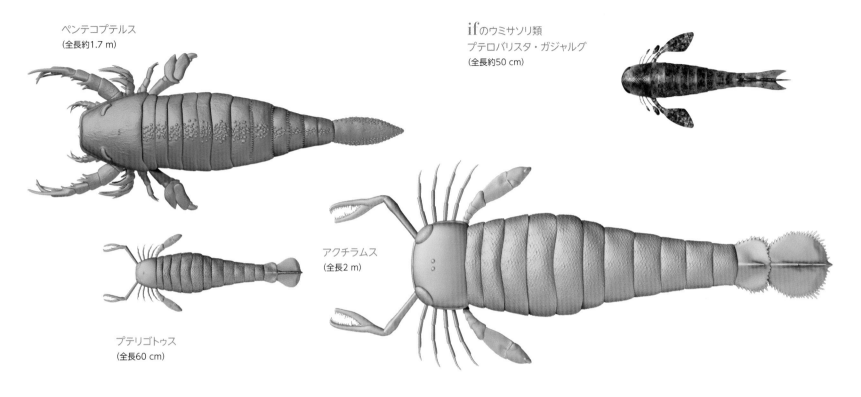

ペンテコプテルス
(全長約1.7 m)

ifのウミサソリ類
プテロバリスタ・ガジャルグ
(全長約50 cm)

アクチラムス
(全長2 m)

プテリゴトゥス
(全長60 cm)

　進化を重ねる中で、遊泳性能を高めた種がいくつか現れた。たとえば、全長60 cmほどのプテリゴトゥス・アングリカス（Pterygotus anglicus）がそうであり、全長2 mのアクチラムス・マクロフサルムス（Acutiramus macrophthalmus）がそうである。この2種は同属と考えられることもあり、その姿はよく似ている。他の多くの種で頭胸部の下に隠れている第1の付属肢（ハサミ付き）が発達して大きく前方に突き出されているほか、第6の付属肢の先端はよりパドルらしくなっていた。眼は大きく、前方を向いて配置され、尾剣はもたずに、飛行機の垂直尾翼のような構造を備えていた。

　よく似た2種ではあるけれども、プテリゴトゥスは高速遊泳型の複眼をもっていた一方で、アクチラムスはそうした複眼を有していなかったことが指摘されている。

　ウミサソリ類は、魚の台頭が始まると次第に姿を消していき、やがて完全に絶滅することになる。今回、創造したプテロバリスタは、そうした魚の台頭がなく、ウミサソリ類の進化が遊泳性能を強化し、そして、高い攻撃性能をもつようになった場合を想定したものだ。

三葉虫綱

2億5000万年以上にわたり1万種を超える多様性を誇った三葉虫綱。
そんな彼らも原因不明の衰退を迎え、ひっそり消え去った。
もしも衰退がなく進化を遂げたならば、どんな姿になるのだろう?

正面

側面

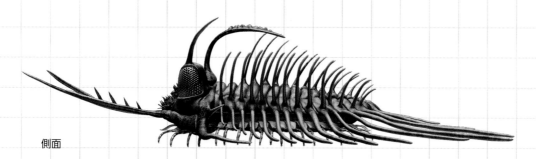

上面

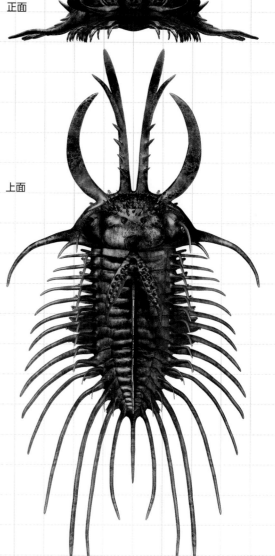

小さなレンズが積み重なった、背の高い複眼。海底において、広い視界を確保することに役立っていた。

頭鞍部にはびっしりと細かなトゲが並ぶ。こうしたトゲは、威圧効果を発揮する他、その内部には感覚神経が詰まっており、感覚器(レーダー)としての役割を果たしていた。

DATA FILE

学名
ヴァロプス・カラルマータ
Valops cararmata

分類
節足動物 三葉虫綱

近縁種
クアドロプス・フレクソサ
Quadrops flexuosa

語源
Valops:力強い眼
cararmata:ツノで武装した

Valops cararmata

ヴァロプス・カラルマータ

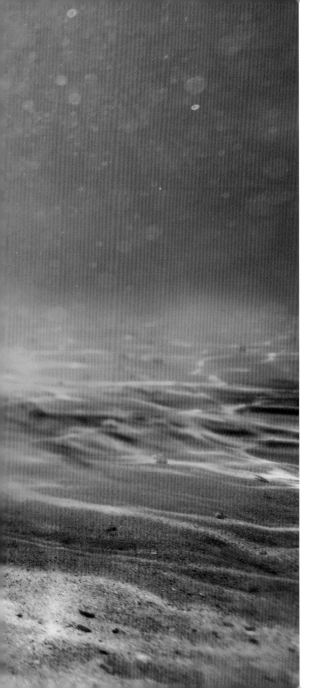

ifのSTORY

　魚たちがうろつく浅海。

　そこには他の動物の姿は見えなかった。

　かつてこの海域にいた小型の無脊椎動物はみな、魚たちの餌食となった。

　そして今や、魚たちを警戒して、新たな動物もめったにやってこない。

　……そんなとき、ふと、泥煙が舞った。

　しだいに泥の舞は大きくなっていく。

　もちろん真っ先に気づいたのは、魚たちだ。新たな獲物が彼らのテリトリーにやってきたのである。

　さっそく狩りに向かった数尾の魚は、でも、接近する獲物の姿を確認すると引き返していく。

　獲物……というには、少し抵抗があった。

　海底を驀進するその動物は、軽い気持ちで襲いかかることができる獲物ではなかったのだ。

　まず、眼に入るのは、頭部から上に伸びた「Y」字の構造。その先端は尖り、上面には小さなイボがならぶ。

　複眼をつくるレンズは高く積み重なり、その上からも長く細いトゲが伸びていた。

　上方へ伸びるトゲはそれだけじゃない。背中には中軸部と左右の節に1列になってトゲが並ぶ。同様のトゲは側面に向かっても並んでいた。

　"面構え"も独特だ。

　複眼と複眼の間には、細かなトゲがびっしりと生えている。そして頭部からは2対4本の幅のあるトゲが弧を描きながら前方に向かって伸びていた。内側の1対は、トゲの上にトゲがあるという徹底ぶりだ。

　ヴァロプスだ。

　三葉虫類である。

　三葉虫類は、基本的には「生態系の弱者」だ。魚たちに襲われる、そんな存在である。

　しかし、ある種の三葉虫類は、徹底的に武装が施されていたことが知られている。ヴァロプスは、そんな"武装三葉虫"の極地ともいえるような存在。徹頭徹尾、頭部の先から尾部の先まで、トゲで武装していた。

　これだけ武装する動物を襲うには、ちょっと覚悟が必要そうだ。食べるときに口の中を怪我しそうだし、迂闊に近づいて眼を刺されたら大ダメージである。

　そんなリスクを冒してまで襲う獲物ではない。

　魚たちはそう判断したのかもしれない。

　大型の魚がうろつく海の海底。ヴァロプスだけが悠然と歩いていた。

三葉虫綱

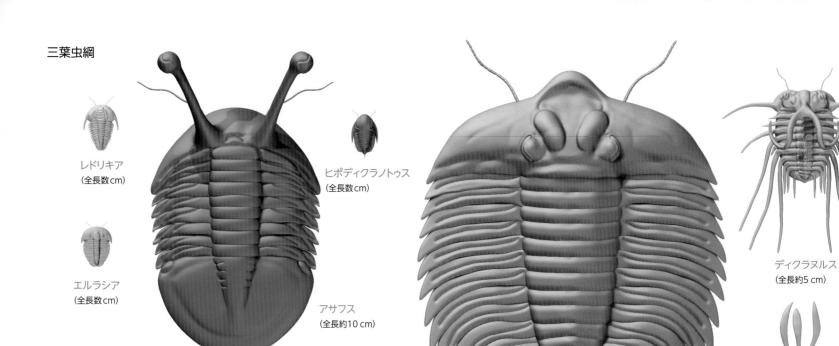

レドリキア
(全長数cm)

エルラシア
(全長数cm)

ヒポディクラノトゥス
(全長数cm)

アサフス
(全長約10 cm)

アークティヌルス
(全長約15 cm)

ディクラヌルス
(全長約5 cm)

ワリセロプス
(全長約8 cm)

形態　全身を大小のトゲで武装した全長12 cm
ほどの三葉虫類。「中葉」と呼ばれるか
らだの中軸部に幅があり、そこには発達した筋
肉があった。

生態　海底を歩き回る。トゲは実は「ハッタリ
用」として発達したものだが、魚などの
天敵を怯ませるには一定の効果を発揮していた。
一方、頭部先端から長く伸びる4本の大きなトゲ
は、カブトムシのツノやクワガタムシのハサミのよ
うに、同種で争う際にも使われた。また、筋肉
が発達しているため、一定以上の速さで海底を
歩くことができた。

進化の系譜　三葉虫類（綱）の歴史は古
い。今から約5億2000万年前
（古生代カンブリア紀）にはすでに登場していた。
　古生代カンブリア紀の三葉虫類の多くには、
共通する特徴がある。それは、平たく、節が多
いのだ。全長数cmのレドリキア（*Redlichia*）や
エルラシア（*Elrathia*）に代表されるその姿は、

誤解を恐れずに書いてしまえば、よく似ていて、
初心者には見分けることが難しい。
　オルドビス紀になると三葉虫類の姿は"立体的"
になる。殻が厚みをもつようになり、そして立体

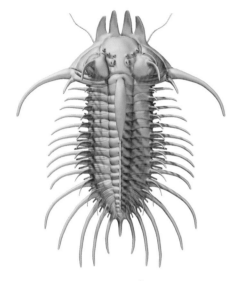

クアドロプス
（全長約9 cm）

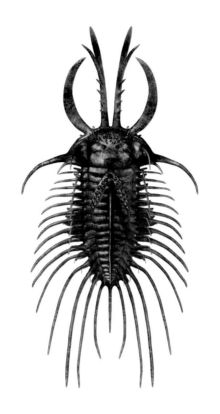

ifの三葉虫綱
ヴァロプス・カラルマータ
（全長約12 cm）

的な構造をもつようになる。たとえば、当時栄え
たアサフス属の仲間である全長10 cmほどのア
サフス・コワレウスキー（Asaphus kowalewskii）は、
頭部から上方に向かって細い柄が2本伸び、その
先に小さな眼がついていた。まるで現生のカタツ
ムリのようである。また、全長数cmのヒポディク
ラノトゥス（Hypodicranotus）は、まるで現代の戦
闘機のようなからだつきで、遊泳能力に長けてい
たとみられている。「立体的な構造」は「機能的
な構造」と言い換えてもよいかもしれない。
　シルル紀にもさまざまな三葉虫類が登場する。
よく知られているのは、全長15 cmほどのアークティ

ヌルス（Arctinurus）だ。まるで内輪のように平た
いそのからだには、全身に細かなイボ状突起が
発達していた。
　デボン紀になると、トゲを発達させた"武装三
葉虫"が多くなる。ディクラヌルス（Dicranurus）

やワリセロプス（Walliserops）、クアドロプス
（Quadrops）がその象徴ともいえる存在だ。とも
に全長は10 cmに満たないが、ディクラヌルスは
太いトゲを側方と後方に向かって伸ばし、後頭部
にはヒツジのツノのような構造を備え、ワリセロ
プスは頭部の先端にフォークのような構造があっ
た。クアドロプスは頭部先端に先割れスプーンの
ようなつくりがあり、後頭部にはポニーテールの
ような"平たいツノ"があり、そして全身を大小の
細いトゲで武装していた。
　石炭紀になると、こうした"派手な三葉虫類"
は鳴りを潜め、全長数cmのシンプルな流線型の
姿ばかりとなる。そして、ペルム紀末に三葉虫類
は絶滅した。
　2億5000万年を超える三葉虫類の歴史は、1万
種を超える多様性を生み出した。しかしその多様
性は、カンブリア紀とオルドビス紀にとくに大きく、
シルル紀以降は衰退期にあったとみられている。
デボン紀の華やかな"武装三葉虫"は、そんな衰
退期に徒花のように出現した。
　石炭紀以降の急激な多様性の低下は、原因が
まだわかっていない。デボン紀という時代は、魚
の仲間の台頭があったことがよく知られている。
しかし、デボン紀の武装化や、石炭紀からペル
ム紀への"大衰退"との因果関係は不明である。
　もしも、石炭紀以降の"大衰退"がなかったら？
デボン紀の"武装三葉虫"がより"極まった"とした
らどんな三葉虫類が出現しただろうか？　今回、
創造した三葉虫類は、そんな「if」に対して用意
された種である。

if CASE 4

板皮類
ばんびるい

古生代デボン紀に隆盛を誇った板皮類。
ダンクルオステウスを輩出し栄華を極める
が、デボン紀の終焉とともに一気に衰退・
絶滅する。そんな彼らが繁栄を続けたら?

DATA FILE

学名

ドルシウェクシラ・カトストマ
Dorsivexilla catostoma

分類
板皮類

近縁有名種
ボスリオレピス属
Bothriolepis

語源
Dorsivexilla：背に旗
catostoma：下向きの口

上面

正面

側面

下向きの口は、コケを
こそぎとることに最適。

前半身は骨の鎧で武装
されているけれども、
背中には大きな切れ込
みがあった。背ビレは
この切れ込み部分にあ
り、筋肉で動かすこと
ができる。

Dorsivexilla catostoma

ドルシウェクシラ・カトストマ

ドルシウェクシラ

形態 頭胸部と胸ビレ、腹ビレを骨でできた鎧で覆っている。口は頭部先端にあり、下を向いている。全体として横方向に平たい。背ビレは大きく発達している。水底に溶け込みやすい迷彩色をしている。全長1 m。

生態 淡水域に暮らす。水底付近に暮らし、コケや樹木などを食べる。素早く動くことは苦手。胸ビレ、腹ビレでからだを固定することで、ある程度、水流の速い場所でも姿勢を安定させることができる。

ifのSTORY

　清流がある。

　陽の光が注ぎ、川底の石や沈んだ流木にはりついたコケの緑が生える空間だ。

　水は澄み、流れはやや早い。

　そんな清流をよく見ると、川底に溶け込むような色合いの魚がゆっくりと泳いでいる。

　特徴的なのは、その前半身と胸ビレ、腹ビレだ。陽の光に照らされるそれは、明らかに硬質。鱗に覆われた後半身や臀ビレ、尾ビレとは質感がちがう。

　その硬質なヒレを器用に使ってからだを固定し、後半身と背ビレ、尾ビレをゆったりと動かしながら微調整をする。

　この不思議な姿の魚はドルシウェクシラ。俗に「甲冑魚」と呼ばれる魚たちの一つだ。もちろん、この俗称はその姿に由来する。

　ドルシウェクシラを観察していると、"甲冑"の先端下部にある口が開いた。

　そして、石に近づき、ゆっくりとコケをこそげとるように食べていく。

　一つの石が終われば、隣の石へ。ときには水草も口にする。

DATA FILE

学名
トルウォトルペド・ポタミンペラトリクス
Torvotorpedo potamimperatrix

分類
板皮類

近縁有名種
ダンクルオステウス属
Dunkleosteus

語源
Torvotorpedo：脅威の魚雷
potamimperatrix：河の主たる

上面

正面　側面

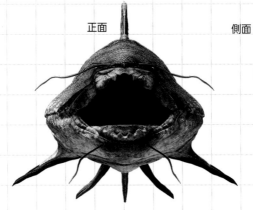

視界の悪い水中でも、この
ヒゲで水の動きから周囲の
様子を察することができる。

歯にみえるつくりは、歯
ではなく、骨の板 (ただし、
歯並みの鋭さがある)。

34

Torvotorpedo potamimperatrix

トルウォトルペド・ポタミンペラトリクス

ifの STORY

　上流域で雨が降ったのだろうか。

　この日、川の色は赤茶色に濁っていた。

　その川の岸にほどちかい浅瀬。小石や沈んだ枝葉などが散らばるその川底を、細い四肢をもった動物が泳いでいる。

　その動物は、全長60 cmほど。細い四肢は、浮力のない世界ではその身を支えることはできないため、生活の場は水中に限られている。8本ある指を器用に使いながら、小石や枝葉をかき分けるように進む。

　……進んでいると、小石も枝葉もほとんどない水域に出た。どうやら岸から離れていたらしい。赤茶色の濁りが、この動物の方向感覚を惑わしていた。

　嫌な予感がする。

　岸辺に戻ろうと方向転換した、その瞬間。

　赤茶色の水域から、大きな「骨の口」が出現した。

　骨の口!

　そうとしか表現しようがない。その頭部が「潰れた兜」のような印象だ。大きく開いた口の先端には、鋭く尖った板(歯ではない)が見える。

　この川の主、トルウォトルペドである。

　トルウォトルペドは後半身をひねって加速をつけると、慌てて浅瀬へ向かい始めた四足動物を飲み込んだ。

　……そして、再び赤茶色の中へと溶け込んでいく。

　川の水が濁る今日は、もう数匹の獲物にありつけるかもしれない。

トルウォトルペド

形態　頭胸部を骨でできた鎧で覆っている。とくに頭部は横方向に平たく、腹側は平らに近い。全体としては涙型に近い形状で、口を閉じると水の抵抗を極力減らすことができる。全長2 m。

生態　淡水域に暮らす。上層から底層まで幅広い水域を活動の場とする。同種を含むさまざまな魚を獲物とする王者。

板皮類

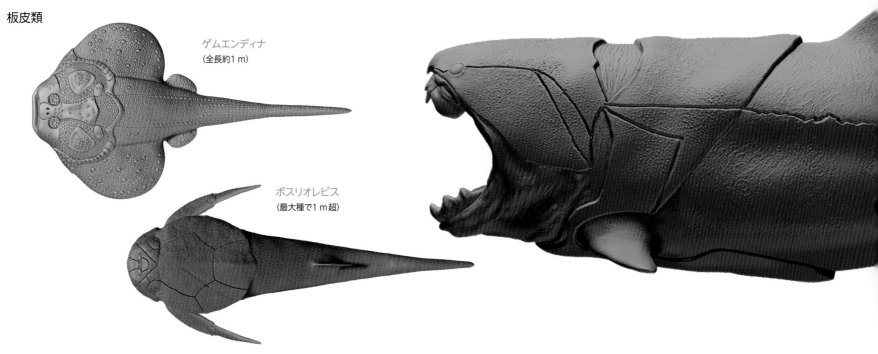

ゲムエンディナ
（全長約1 m）

ボスリオレピス
（最大種で1 m超）

進化の系譜

古生代デボン紀（約4億1900万年前～約3億5900万年前）の海洋世界では、いわゆる「甲冑魚」と呼ばれる魚たちが全盛を迎えていた。

甲冑魚とは、骨でできた鎧をもつ魚たちの俗称だ。特定のグループを指すものではないが、その中核を担っていたのは「板皮類」である。

板皮類は、他の多くの甲冑魚たちと同じように頭胸部を骨の鎧で覆っていた。そして、顎があり、しかし、歯がなかった。歯のかわりを成すのは、頭胸部を覆う骨の鎧である。その鎧の一部が鋭利な構造となっていた。

初期の板皮類として、ドイツから化石が発見さ

れているゲムエンディナ（Gemuendina）を挙げることができる。ゲムエンディナは、最大で1 mにまで成長したとされ、その姿は現生のエイとよく似ていて全体的に平たい。のちに出現する多くの板皮類とは異なり、頭胸部を覆っている骨の鎧は、"板"ではなく「骨片」だった。細かな骨片を敷き詰めたような、そんなつくりをしていた。「最も成功した板皮類」といわれるのは、ボスリオレピス（Bothriolepis）。こちらも大きな種では1 m超のものも確認されている。ボスリオレピスは高さのある骨の鎧で頭胸部を覆い、そして胸ビレも同じ骨の鎧で覆っていた。多様性に富み、ボスリオレピスの属名をもつ板皮類は総数で100種

を超えている。

一方、「古生代の海で最強」とされる魚も板皮類だ。その名は、ダンクルオステウス（Dunkleosteus）。頭胸部の骨の鎧しか化石が発見されていないため、全身像は不明ながらも、その全長は6 mとも8 mとも、10 mともいわれている。その頭部はまさに「甲冑魚」であり、西洋の騎士が身につける兜のような形状をしている。その顎が生み出す力は、古今東西の魚たちと比べてもトップクラスとされている。

一大勢力を誇った板皮類だが、"史実"においては、デボン紀の終焉とともに急速に勢力を衰退させ、やがて絶滅する。かわって軟骨魚類が台

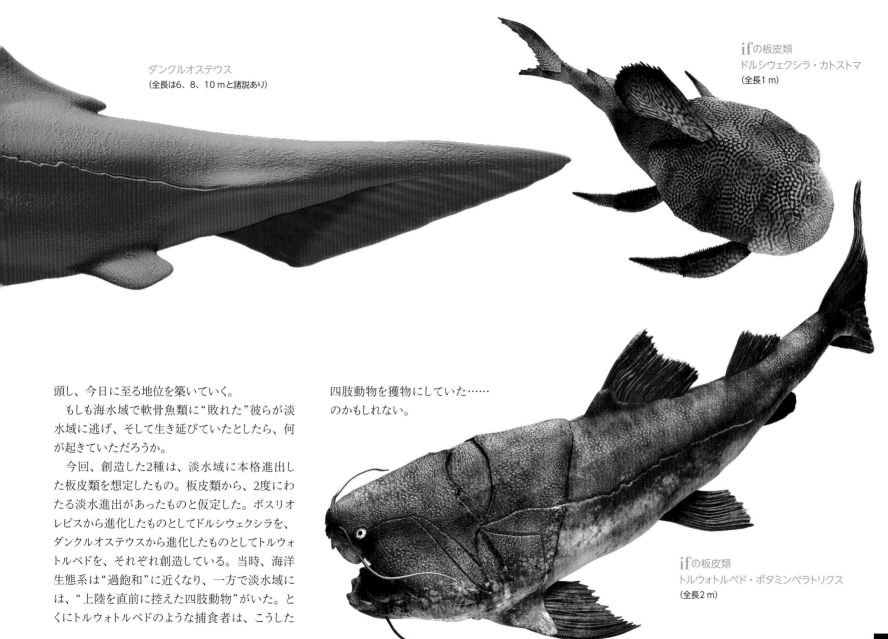

ダンクルオステウス
（全長は6、8、10 mと諸説あり）

if の板皮類
ドルシウェクシラ・カトストマ
（全長1 m）

頭し、今日に至る地位を築いていく。

　もしも海水域で軟骨魚類に"敗れた"彼らが淡
水域に逃げ、そして生き延びていたとしたら、何
が起きていただろうか。

　今回、創造した2種は、淡水域に本格進出し
た板皮類を想定したもの。板皮類から、2度にわ
たる淡水進出があったものと仮定した。ボスリオ
レピスから進化したものとしてドルシウェクシラを、
ダンクルオステウスから進化したものとしてトルウォ
トルペドを、それぞれ創造している。当時、海洋
生態系は"過飽和"に近くなり、一方で淡水域に
は、"上陸を直前に控えた四肢動物"がいた。と
くにトルウォトルペドのような捕食者は、こうした

四肢動物を獲物にしていた……
のかもしれない。

if の板皮類
トルウォトルペド・ポタミンペラトリクス
（全長2 m）

ディプロカウルス科

ペルム紀末の大量絶滅事件によって姿を消したディプロカウルス科。
もしもその事件がなかったら、彼らはどんな姿に変貌を遂げたのか？

正面

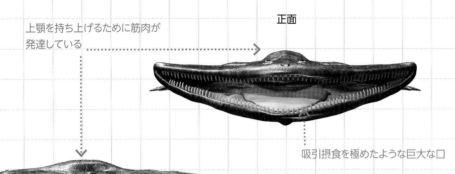

上顎を持ち上げるために筋肉が
発達している

吸引摂食を極めたような巨大な口

側面

吸引時にからだを支える
時以外には、ほとんど役
に立たない四肢

上面

下面

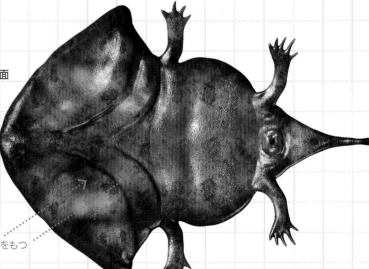

2対の発達した舌骨をもつ

DATA FILE

学名

ファスマトヴァクーム・ブフォニストマ
Phasmatovacuum bufonistoma

分類
両生類 空椎類 ネクトリド目 ディプロカウルス科

近縁種
ディプロカウルス・マグニコルニス
Diplocaulus magnicornis

語源
Phasmatovacuum：ゴーストヴァキューム（映画『ゴースト
　　　　　　　　　バスターズ』に登場する、ゴーストを
　　　　　　　　　捕獲する道具）。

bufonistoma：ガマ口

Phasmatovacuum bufonistoma

ファスマトヴァクーム・ブフォニストマ

if の STORY

よく晴れた日だった。

小魚たちは、その身の半ばを流れに任せ、漂うように浅い海を泳いでいる。絶好の遊泳日和。

日光が海底に降り注ぎ、天色の世界が海中にも広がっている。

小魚たちはゆったりと泳ぎながらも、警戒は怠らない。幸い、今日の水の透明度は高い。これほど透き通っているのであれば、大型の魚が寄ってきてもすぐにわかりそうだ。泳ぎながら、漂うプランクトンを食む。良い日だ。

変化は突然だった。

強い水流がいきなり生まれたのだ。

のんびりしていた小魚たちは、必死にその水流に抗う。何が起きているのか、わかっているものはほとんどいまい。

しかし本能的に、この水流にのまれてしまってはいけないと悟っている。

水流が向かうその先には、影があった。

日光を遮る大きな影。

いや、……影じゃない。

大きく開いた三角形。その縁には細かな歯が並んでいる。

ファスマトヴァクームである。あまりに平たいそのからだ。小魚たちは海底に潜むファスマトヴァクームに気づけていなかった。

ファスマトヴァクームは今、小さな四肢を踏ん張って、ほぼ2頭身ともいえるその大きな上顎を大きく開いている。そして、ものすごい勢いで海水を吸い込んでいた。

もちろん目的は海水ではなく、小魚たちだ。

数秒……耐えることができただろうか。結局、3匹の小魚がファスマトヴァクームの口腔へと消える。

ファスマトヴァクームが口を閉じた。膨らんでいたのどを少しずつへこませ、口の端から水を吐き出していく。そして、小魚たちはのどの奥へと送られていった。

やがて、荒れた水流もしだいに収まっていく。

波が砂つぶを運んできた。

海底に伏せるファスマトヴァクームのからだが少しずつ砂に埋もれ、ただでさえわかりにくいそのからだを、さらに隠していく。

喰われた3匹以外の小魚たちは、すでにこの海域を脱していた。しかし、それほど間を開けることなく、1匹、また1匹と新たな小魚がやってくる。

砂に埋もれ、四肢をゆっくりと伸ばしながら、ファスマトヴァクームは次なる狩りの準備を始める。

少なくともファスマトヴァクームにとって、今日という日は良い日だ。日が暮れるまでに、まだ数匹の獲物を食べることができそうだ。

ディプロカウルス科

スキノサウルス
(全長4 cm)

ケラターペトン
(全長15 cm)

ディプロカウルス 幼体
(全長約4 cm)

ディプロカウルス 成体
(全長100 cm)

ifのディプロカウルス科
ファスマトヴァクーム・ブフォニストマ
(全長100 cm強)

形態 三角形の頭部が特徴。幅があり、その
幅のままとくに首が狭くなることなく、胴
体へとつながっている。四肢は小さいが、手足
はやや広い。舌骨が発達していることも特徴の一
つ。全長1 m強。

生態 さほど深くない水底に潜む。淡水から
海水までその生息域は広い。典型的な
「待ち伏せ吸引型」で、待機時には海底とほぼ

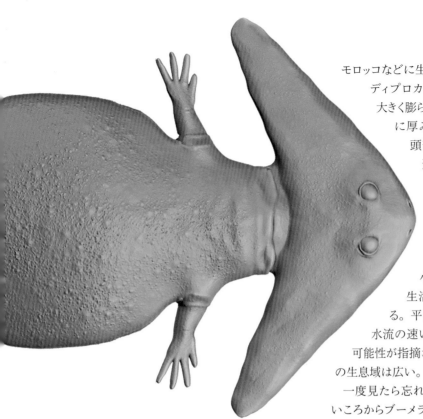

モロッコなどに生息していた。

ディプロカウルスといえば、頬が左右に大きく膨らんだ頭部が特徴である。頭骨に厚みがないことも相まって、この頭部はまるでブーメランのような形状となっている。小さな口がそのブーメランの先頭部分にあり、眼はその口の近くにあった。平たいのは頭部だけではなく、胴体にもあまり厚みはなかった。四肢は小さく、尾が長く、完全な水棲生活をしていたものとみられている。平たいからだは、水底で休み、水流の速い河川を泳ぐことに適していた可能性が指摘されている。海水から淡水とその生息域は広い。

一度見たら忘れないその頭部は、しかし、幼いころからブーメラン型だったわけではない。幼いころの頭部は上からみれば"おにぎり型"で、とくに左右に頬が張っているわけではなかった。成長するにつれて左右に頬が広がっていき、やがてブーメラン型になったとみられている。

「個体発生は系統発生を繰り返す」という言葉がある。これは、ある動物の成長過程には、その動物に至る進化の歴史を見ることができるという意味である。

ディプロカウルスの成長段階は、ディプロカウルス科の進化段階においても見ることができる。すなわち、ディプロカウルス科においてより原始

的とされるスキノサウルス（Scinosaurus）の頭部は、とくに頬は張っておらず、その次の段階にあるとされるケラターペトン（Keraterpeton）はやや左右に頬が広がっているものの、ディプロカウルスほどではなかった。これらの原始的な種類は、ディプロカウルスと比べると全長も小さい。

"史実"のディプロカウルス科においては、ディプロカウルスよりのちの種はこれまでに確認されていない。ペルム紀末には史上最大・空前絶後とされる大量絶滅事件が発生し、ディプロカウルス科に限らず、多くの動物たちに大打撃を与えることになった。

もしも、ペルム紀末の大量絶滅事件が発生せず、ディプロカウルス科がその先も命脈を残し続けることができたとしたら、どのような種が出現しただろうか。

その疑問に答える形で創造した動物が、ファスマトヴァクームだ。頬は左右に広がり……広がるだけではなく、顎関節そのものも頬の突起先端へと移動したと仮定した。すなわち、猛烈に大きな口を開くことができるようになったと考えた。そして、遊泳性能を完全に放棄し、その薄いからだを生かした待ち伏せ型を極めた存在として創造したものである。

ディプロカウルスの頭部は幅が広いが、喉は"ごく普通"である。しかし、ファスマトヴァクームは口を大きく開き、大きな獲物を吸い込むと想定したため、喉も広くした。あわせて、吸引力のもととして発達した舌骨をもたせ、一方で遊泳性を捨てたので、尾を短くしている。

一体化している。タイミングを見て口を大きく開け、発達した舌骨を使って口腔内の容積を拡大し、大量の水とともに獲物を吸い込む。

進化の系譜

ディプロカウルス科は、ディプロカウルス（Diplocaulus）に代表されるグループだ。

ディプロカウルスは、全長1mほどの両生類。古生代石炭紀からペルム紀にかけてのアメリカや

if CASE 6

腕足動物 <ruby>腕足動物<rt>わんそくどうぶつ</rt></ruby>

"無気力"を研ぎ澄ますことで繁栄した腕足動物。
大量絶滅事件が起きなければ、腕足動物はその
"無気力"をどこまで極めたのだろうか?

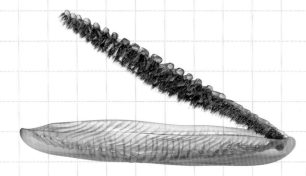

側面

DATA FILE

学名

テギュラリットニア・マグニリムラ
Tegulalyttonia magnirimula

分類
腕足動物

テギュラリットニアの近縁有名種
レプトダス属
Leptodus

語源
Tegulalyttonia：尾根。*lyttonia* は、レプトダス
　　　　　　　　の仲間に用いる単語。

magnirimula：　偉大なヒダ

正面

触手が並び、「触手冠」と呼ばれる構造
をつくる。触手冠でろ過した浮遊するプ
ランクトンなどを食べて生活していた。

ifのSTORY

どこまでもどこまでも、妙な生物がびっしりと海底を覆っ
ている。

なんだこれは?

二枚貝類……ではない。

たしかに、例えばカキ（牡蠣）などの二枚貝類は群
生し、礁をつくる。

しかしこれは、……どう見ても二枚貝類のつくりでは
ない。

皿のような殻（?）から、何やら細かな肋骨のような
構造がもちあがっている。よく見ると、その肋骨状構造
の一つ一つに小さな"毛"が並んでいる。

この生物の名前は、テギュラリットニア。
<ruby>腕足動物<rt>わんそくどうぶつ</rt></ruby>である。

水中にただよう有機物を、肋骨状構造にある小さな
毛で捕まえて食べて生きている。自身はまったく動かず
に、水の流れに乗って"餌"がやってくる。

この毛は「<ruby>触手冠<rt>しょくしゅかん</rt></ruby>」と呼ばれる濾過器官だ。

その性能はなかなか優秀であり、一定以上の個体数
が集まると、同じような生態的地位にある動物……サン
ゴやカイメン、コケムシなどの幼生を食べ尽くしてしまう。

その結果、見渡す限りテギュラリットニアだけ、とい
う景色ができあがる。

しかも自身はさほどエネルギーを必要としないので、
あまり栄養成分が豊富ではない海でも生きていくことが
可能だ。

こうみえてなかなかの"侵略者"であり、ひとたびテギュ
ラリットニアの礁ができてしまえば、他種がそこに入り込
む余地はない。

46

Tegulalyttonia magnirimula

テギュラリットニア・マグニリムラ

テギュラリットニアの形態と生態

　触手冠の並んだ肋骨状構造のある上殻を持ち上げ、水流に晒して浮遊するプランクトンを得る。大規模な礁をつくることが多い。殻長は30〜50 cmのものが多く、最大で70 cmほど。

Spinoconchus smaragdinus

スピノコンカス・スマラグディヌス

if の STORY

弱い水流に流されて、コロコロとコロコロと小さな生物が転がっている。

自身ではけっして動くことはしない。

この生物は、スピノコンカスだ。こう見えても、動物である。

動物だけれども、"怠け者"の極致にあるような存在だ。テギュラリットニアと同じ腕足動物に分類される。

薄く透ける殻の奥には共生藻類がびっしり。その共生藻類の生み出すエネルギーを糧に暮らしている。

あ、また波が来た。

コロコロと転がる。

転がるけれども、薄い殻はどの角度からの光もほぼ等量に通す。だから流れに身をまかせ、共生藻類に"食事"をまかせ、自身はとくに動くことなく生きることができる。

ただただ平和な世界がそこにある。

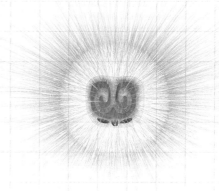

上面

正面

スピノコンカスの形態と生態

　殻から細いトゲを伸ばし、水流に任せてころころと転がる。殻の内部に共生藻類を宿す。殻がほぼ透明なため、その共生藻類にはどの角度からも日光を当てることができる。殻長はトゲを除いた本体部分が1 cmほど。

DATA FILE

学名

スピノコンカス・スマラグディヌス
Spinoconchus smaragdinus

分類
腕足動物

スピノコンカスの近縁有名種
エキノコンカス属
Echinoconchus

語源
Spinoconchus： トゲのある *Echinoconchus*
　　　　　　　（腕足動物の一つ）。

smaragdinus： 緑

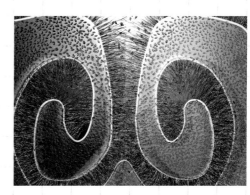

共生藻類を内部に宿し、その光合成を利用して生きている。

進化の系譜

腕足動物（わんそくどうぶつ）は、一見すると二枚貝類に見えるかもしれない。

たとえば、古生代オルドビス紀に生息していた腕足動物、デヴォノコネテス（*Devonochonetes*）を見ると、「なんだアサリの仲間か」と思う人もいるかもしれない。

しかし、デヴォノコネテスの殻をよく見ると、アサリやシジミなどの二枚貝類の殻とのちがいに気づくはず。腕足動物も二枚貝類も、ともに2枚の殻をもっているが、腕足動物の殻は「左右対称」なのだ。二枚貝類の殻は「左右非対称」である。一方で、腕足動物をつくる二枚の殻を比べると非対称にできている。二枚貝類のそれは対称だ。言い換えれば、二枚貝類の二枚の殻は私たち脊椎動物でいうところの「左」と「右」の同じ関係にあり、腕足動物の二枚の殻は「腹」と「背」の関係にある。

殻の中身はかなり異なる。二枚貝類の殻の中には、足や各種内臓などさまざまな"身"が詰まっている。一方で腕足動物……たとえば、デヴォノコネテスの殻の中身はスカスカだ。そのスカスカの空間に、細い触手が並んで「触手冠」（しょくしゅかん）と呼ばれる構造をつくる。

二枚貝類は、自分の足で動き回る。しかし、腕足動物は基本的に動かず、殻の口を開けて、流れ込む水流から有機物を触手で"拾い出して"生活している。

腕足動物は主として古生代に繁栄したグループで、その進化の傾向は基本的に「いかに"無気力"に生きるか」ということにあった。自分自身は動かず、それでいて、いかに効率的に餌を集めるか、ということが彼らの"進化の傾向"だった。

今回、腕足動物にみられる二つの系譜に注目した。

テギュラリットニアへの系統

ポイキロサコス
（殻長3 cm）

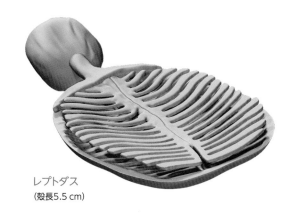

レプトダス
（殻長5.5 cm）

スピノコンカスへの系統

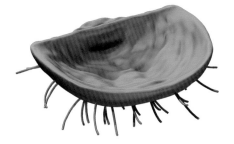

ポロニプロダクトゥス
（殻長1.7 cm）

腕足動物

デヴォノコネテス
（殻長0.8 cm）

ギガントプロダクス
（殻長12 cm）

一つは、ポイキロサコス（*Poikilosakos*）やレプトダス（*Leptodus*）といったグループにみられる"肋骨のような触手冠"を発達させる傾向だ。殻の一枚を変化させ、そこに肋骨のような構造をつくり、触手を並べる。そして、進化するにつれて、"肋骨"は複雑なものとなり、その分、並ぶ触手が増える、というわけである。テギュラリットリアは、この傾向の"先にある種"として創造したものだ。

もう一つは、ポロニプロダクトゥス（*Poloniproductus*）、ギガントプロダクス（*Gigantoproductus*）、ジュレサニア（*Juresania*）、ワーゲノコンカ（*Waagenoconcha*）にみられる傾向だ。これらの腕足動物は殻の表面にトゲがあるものが多く、進化するにつれて、そのトゲが細くなり、数が増えて、密集するようになる傾向がある。また、独特の殻の形は「ただそこにいるだけ」でわずかな水の流れを効率的に殻に取り込むことができた。トゲの傾向とワーゲノコンカにみられる"無気力戦略"をさらに"強化"して創造したものが、スピノコンカスである。長いトゲ、薄く半透明な殻、そして共生する藻類。これによって海底に鎮座しているときよりも効率的に、でも、自身は動くことなく、生きていけるようにした。

腕足動物は古生代末におきた大量絶滅事件でその数を激減させ、現在まで子孫こそ残るものの、古生代と同じレベルの繁栄は二度と得ることはなかった。もしも、古生代末の大量絶滅事件が発生しなければ……テギュラットリアや、スピノコンカスのような種類が誕生したかもしれない。

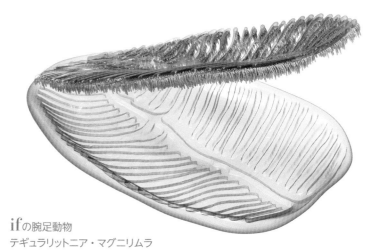

ifの腕足動物
テギュラリットニア・マグニリムラ
（殻長30〜50 cm）

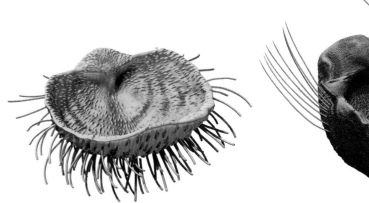

ジュレサニア
（殻長3 cm）

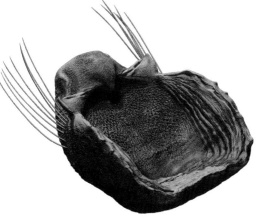

ワーゲノコンカ
（殻長6 cm）

ifの腕足動物
スピノコンカス・
スマラグディヌス
（本体部分約1 cm）

if CASE 7

エダフォサウルス科

寒冷期から温暖期へと転換し、大陸が統合されはじめたペルム紀。内陸は急速な砂漠化が進み、エダフォサウルス科も対応を迫られる。砂漠化に適応した彼らは、どんな姿になるのだろう？

DATA FILE

学名

パピリオヌンブラ・アンフィスバエナ

Papilionumbra amphisbaena

分類

単弓類 盤竜類 エダフォサウルス科

近縁有名種

エダフォサウルス・ポゴニアス

Edaphosaurus pogonias

語源

Papilionumbra：
蝶 papilio ＋ 影・傘 umbra
「蝶翼の日傘」

amphisbaena：
伝説の双頭の竜
「アンフィスバエナ」に由来

上面

広めの手足は、砂地をしっかりと噛み、からだが砂に沈むことを防ぐ。

帆は日陰をつくり、強い日射から頭部を保護する役割を担う。

脂肪（栄養分）が溜め込まれた尾は、どことなく頭部のよう。パピリオヌンブラを襲う肉食動物も、ときに尾を頭部と勘違いして襲いかかるという。

正面

側面

52

Papilionumbra amphisbaena

パピリオヌンブラ・アンフィスバエナ

ifの STORY

超大陸の内陸部。
そこには、海から水分がまったく届かない。
どこまでも広がる砂の丘。
そんな乾燥地帯にも、生物は生息している。

生態系の中心は、点在するオアシスだ。大小
の水源のまわりに茂る緑地には、多様な動物た
ちが暮らす。
しかし、オアシスはいつか枯れる。
すると、動物たちは選択を迫られることになる。
その場で枯れて死ぬか。
砂の大地に歩み出し、新たな緑地を探すか。

今日もよく晴れた1日が始まろうとしている。東
の空がしだいにオレンジ色を帯びてきた。
ふと見ると、高層ビルほどの高さのある砂丘を、
一頭のパピリオヌンブラが登攀している。
彼が枯れつつあるオアシスをあとにしたのは、
3日前のこと。
日に日に少なくなる水の量、縮小する緑地。
そんな限りある資源を取り合う動物たち。そん
な生活に嫌気がさし、一足先に旅にでることを決
断したのだ。

広く発達した手足は、砂地にからだが埋没する
ことを防いでくれる。一歩、また一歩と、砂地を
しっかりを踏みしめながら、パピリオヌンブラはそ
の大きなからだを進める。

オアシスを出発してからとくに食事をとっていな
いが、頭のように膨らんだ尾には脂肪を溜め込
んでいる。この脂肪をエネルギーとして、まだ数
日の旅は続けられそうだ。

砂漠の移動は、朝夕が基本。日中は暑くて体
力の消費が激しい。
朝早くから移動を始めた彼は、砂丘の先をめざ
す。太陽の位置が高くなるまでに、丘を越える
ことができるかどうか。
もっとも、背中の大きな帆が影をつくってくれる
ので、彼の頭部は直射日光による熱をある程度
は避けることができる。
太陽の位置に気を使い、頭部が陽に直接さら
されないようにしながら、少しつずつ、しかし確
実に、パピリオヌンブラは砂丘を登っていく。

旅は初めてではない。先日までいたオアシス
にたどり着く前、彼は少し離れたオアシスで生まれ、
成長した。
しかし、そのオアシスは大型の捕食者に襲われ、
彼も家族を失った。
命からがら逃げ、その先にたどり着いたオアシ
スで、彼は数年を過ごした。そして、今度は自
分の意思で、新天地を探している。
その旅が無事に終わるのかどうか。現時点で
は誰にもわからない。

カセア科

カセア
(全長約1 m)

エダフォサウルス科

イアンタサウルス
(幼体は全長50 cm強)

形態　背中に"帆"を発達させた盤竜類の一
つ。全長は1.2 m前後。帆で頭部への
直射日光を防いだり、尾に脂肪を溜め込むこと
ができたり、手足が広かったりなど、乾燥地帯の
砂地暮らしに適応したからだをもつ。

生態　どことなく恐ろしい風貌をもっているが、
植物食性である。乾燥地帯の生活を主
とし、砂漠の中に点在する緑地の植物（主として
裸子植物）を食べて生活していた。肉食動物の
襲撃を受けた場合には緑地を離れ、他の動物が
容易に登ってくることのできない砂丘に逃げるこ
とができた。

進化の系譜　私たち哺乳類は、「単弓類」
というより大きなグループに属
している。哺乳類の歴史がいつから始まったのか
については、今なお議論がある。それでも、中
生代（約2億5200万年前〜約6600万年前）以降
に出現したという見方は、多くの研究者が一致す
るところだ。

　単弓類自体は、哺乳類よりもはるかに古い時
代に出現していた。

　そもそも脊椎動物の歴史は魚の仲間からはじまっ
た。古生代カンブリア紀の半ばにあたる約5億
2000万年前の地層からその化石は発見されてい
る。その後、時代の経過とともに魚の仲間は多
様化を進め、デボン紀後期（約3億7000万年前

ごろ）になると4本のあしをもった動物が登場し、
脊椎動物が地上世界へと進出し始めた。

　そして、デボン紀の次の時代にあたる石炭紀
後期（約3億2300万年前〜約2億9900万年前）
と、その次の時代のペルム紀（約2億9900万年
前〜約2億5200万年前）には、多様な単弓類が
出現した。「太古の大型陸上動物」といえば、恐
竜類ばかりが注目されがちだが、単弓類の登場
と繁栄は、恐竜類よりも6000万年以上先行してい
たのである。

　そうした単弓類の中に、カセア（*Casea*）と呼
ばれる動物がいた。上から見たらおにぎりのよう
にみえる三角形の頭部をもち、その先端は寸詰ま
りという顔つき。胴は樽のようで、全長は1 m程

ifのエダフォサウルス科
パピリオヌンブラ・アンフィスバエナ
（全長約1.2 m）

エダフォサウルス
（全長3 m弱）

度。その半分以上を長い尾が占めるという動物
である。

　カセアの近縁グループとしてほぼ同じ時期に出
現したグループが、エダフォサウルス科だ。エダ
フォサウルス科の最も古い種類は、イアンタサウ
ルス（Ianthasaurus）である。イアンタサウルスは、
遅くても約3億2500万年前には出現していたとみ
られている。化石が不完全であるために成体の
復元には成功していないものの、幼体の全長は
50 cm強といったところだ。

　カセアとイアンタサウルスの最大のちがいは、
背中にある。イアンタサウルスの背中では、個々
の背骨の一部が真上に向かって細く長く伸びてい
た。そして、その個々の突起は、両側に小さな

突起がいくつも並んでいた。生きていたときには、
この細長い突起を軸に皮膜が張られ、帆がつくら
れていたと考えられている。

　エダフォサウルス科の動物たちには、この帆が
あった。代表属であり、最も“進化型”とされるエ
ダフォサウルス（Edaphosaurus）は、遅くても石炭
紀末期にあたる約3億年前に出現した。それはイ
アンタサウルスよりもはるかに大型で、全長3 m
近いからだをもち、そして帆を支える突起も太く、
幅のある板状になっていた。

　“史実”においては、エダフォサウルス科はペル
ム紀の前半のうちに絶滅している。当時、エダフォ
サウルス科以外にも帆をもつ単弓類は複数存在し
ていたが、いずれも同時期に姿を消した。

　因果関係が定かではないけれども、当時、地
球の気候が寒冷気候から温暖気候へ転じたこと
が知られている。

　もしも、寒冷気候が続いたとしたら？　エダフォ
サウルス科は生き残ったかもしれない。

　当時、地球上のすべての大陸は集合し、超大
陸「パンゲア」をつくっていた。パンゲアの内陸
は乾燥し、砂漠地帯が広がっていた。エダフォサ
ウルス科の生き残りは、そうした砂漠地帯へ進出
していったかもしれない。パピリオヌンブラは、そ
うした砂漠地帯に進出したエダフォサウルス科とし
て創造したものだ。彼らは、餌資源が少なく、ま
た砂漠地帯にも沈みにくいよう、再び小型化（軽
量化）の道を辿った。その末を想定したものだ。

パレイアサウルス上科

ペルム紀末に絶滅したパレイアサウルス
上科。もしもこの時代を生き延びること
ができたなら、大海原は彼らの"領域"に
なっていたかもしれない。

DATA FILE

学名

アンブラーティトラブス・ケラトグナトゥス
Ambulatitrabs ceratognathus

分類
爬虫類 パレイアサウルス上科

近縁有名種
パレイアサウルス属
Pareiasaurus

語源
Ambulatitrabs：歩く筏
ceratognathus：顎のツノ

上面

正面　　　側面

上向きの眼は、水中に身を潜めたまま、水上のようす
を探ることに適している。

パレイアサウルス上科の特徴ともいえる上下の顎の突起。

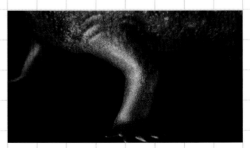

退化しつつある四肢は細くて貧弱。

Ambulatitrabs ceratognathus
アンブラーディトラブス・ケラトグナトゥス

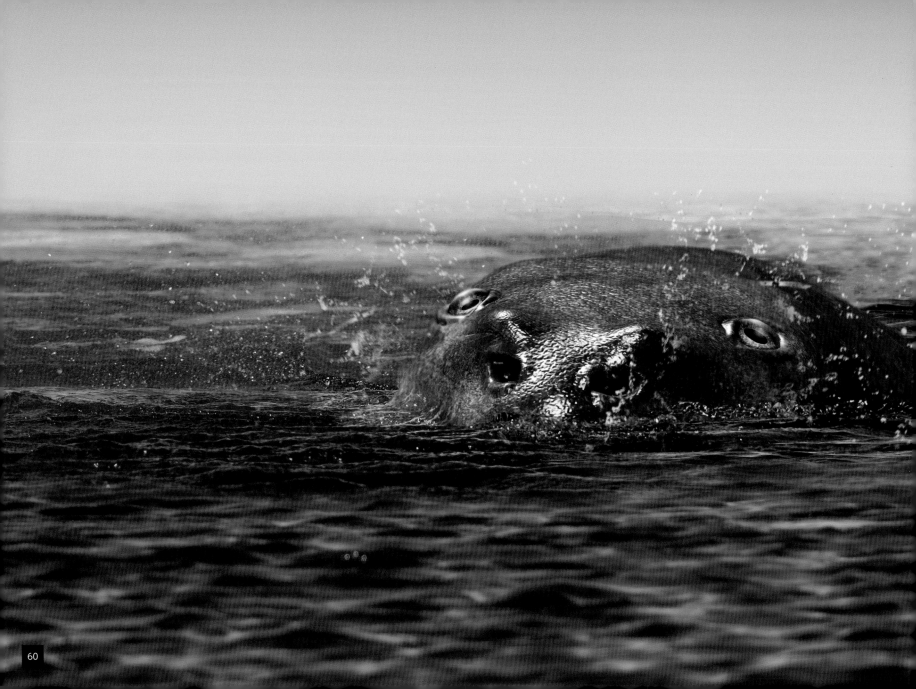

アンブラーティトラブス

形態 でっぷりとした胴長の爬虫類。四肢は貧弱で、陸上で体を支え、持ち上げることはできない。頭部は扁平で前後の長さがない。頬骨がやや発達している。全長は3〜4mほど。

生態 四肢はあるものの、基本的には水中で生活する。陸上を"歩行"する際には、腹ばいになり、腹を引きずるように移動する。アザラシのように大規模な群れ（ハーレム）を形成し、海岸で"日向ぼっこ"を行う。

ifの STORY

　遠目で見ただけでは、よくわからなかった。

　海岸に何やら赤灰色の物体がひしめき合っているように見えた。

　近づいてみて、その正体に気づく。

　平たい頭部、左右に突き出た頬、吻部の先端近くと、顎の下に小さな突起。そして樽のような胴体に、貧弱な細い四肢。

　アンブラーティトラブスだ。

　アンブラーティトラブスが、群れとなっている。1頭、2頭……10頭、11頭……100頭、101頭……と数えてみたけれど、途中でそれがバカバカしくなる。海岸を延々びっしりとアンブラーティトラブスが連なっている。

　少なくとも数百頭はいそうなアンブラーティトラブスの多くは、陽の光を受けて気持ちよさそうに寝ている。絶好の日光浴日よりだ。天気の良い今日は、海岸をよく見ると、時折新たな仲間が上陸を果たし、腹を引きずるようにして、群れに加わっていく。

　まわりを見渡しても、この群れに襲いかかってくるような天敵はいない。それどころか、他種もいない。見渡す限り、アンブラーティトラブスただ一種だけだ。

　平和な午後の風景……なのだろう。

　また一頭、加わった。いったどこまで続くのか。彼らも自分たちの群れの規模を把握していないにちがいない。

学名
パレイアバエヌス・ギガス
Pareiabaenus gigas

分類
爬虫類 パレイアサウルス上科

近縁有名種
パレイアサウルス属
Pareiasaurus

語源
Pareiabaenus：頬で歩く
gigas：大型

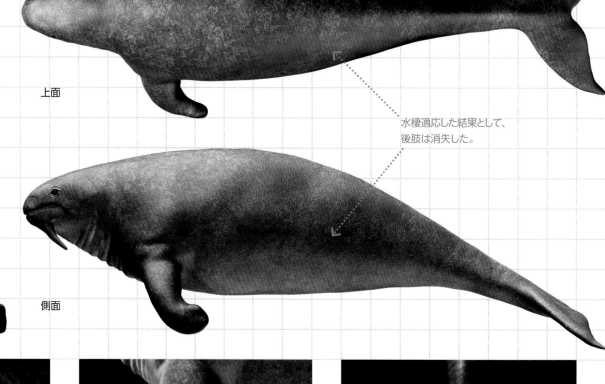

上面

水棲適応した結果として、
後肢は消失した。

側面

正面

パレイアサウルス上科の特徴ともいえる下顎の突起。
長く発達している。

「ヒレ」というよりは、まだ「腕」を彷彿とさせる太めの
「前肢」。祖先の陸上種を彷彿とさせる。

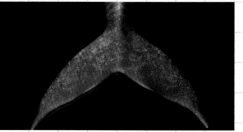

発達した尾ビレを上下に動かして、推進力を得る。

Pareiabaenus gigas

パレイアバエヌス・ギガス

パレイアバエヌス

形態　でっぷりとした胴長の爬虫類。尾ビレが発達し、水中で暮らす（上陸することはない）。下顎の突起が長く発達する。全長は8 mに達し、パレイアサウルス上科の中では最大級とされるものの一つ。なお、水棲の爬虫類としては唯一、胴体を上下にくねらせて泳ぐ。

生態　水棲ではあるが、あまり速く泳ぐことはできない。海藻などを主食とする。パレイアサウルス上科の特徴ともいえる下顎の突起は、とくにオスで長い。繁殖期がくると、オスたちはこの突起を使って闘争を行う。

if の STORY

　陽の光が届く浅海だ。

　海底ではそこかしこに大小の海藻が生え、ゆるやかな海流を受けてゆらゆらとたなびく。

　そんな緩やかな海底に、パレイアバエヌスがのっそりとやってきた。

　ずんぐりと丸みを帯びたからだからは、太い前肢が伸びる。それは「胸ビレ」というほどには平たくなく、しかし、「あし」というには指がない。「ヒレ」と「あし」の中間のような、そんな形をしている。

　頭部は独特だ。吻部は寸詰まりで、全体的にツルッとしている。しかし、下顎からは細い突起が伸びている。

　パレイアバエヌスがゆっくりと尾ビレを上下に動かし、前へと進む。そしてわずかに前肢を動かして、バランスを取る。

　時折変化する海流に流されないようにしながら姿勢を保ち、下顎の突起で岩についた海藻をこそぎとる。

　そして岩から離れた海藻を器用に捕まえて、ゆっくりと食していく。

　この海底には、まだたくさんの海藻が残っている。このパレイアバエヌスにとっては、まさに天国だ。天敵もいない。ライバルもいない。気の向くまま、時をすごすことができるのだ。

ブラディサウルス
(全長2.5 mほど)

ブノステゴス
(全長1.6 mほど)

進化の系譜
古生代ペルム紀（約2億9900万年前〜約2億5200万年前）は、約2億8900万年間続いた古生代最後の時代である。

当時の爬虫類を代表するグループが、パレイアサウルス上科だ。パレイアサウルス上科の特徴を一言で表すのなら、「どっしり重量級」。四肢は太くがっしりとしており、胴体は樽のようにでっぷりとしている。首と尾は短く、頭部は前後に寸詰まり。そんな姿をした植物食の爬虫類たちがこのグループを構成していた。

初期のパレイアサウルス上科として、約2億6500万年前に出現したブラディサウルス（*Brady-*

パレイアサウルス
(全長1.6 mほど)

saurus）を挙げることができる。全長2.5 mほどのこの爬虫類は、グループとしては初期の種類ながらも、すでに「どっしり重量級」としてのパレイアサウルス上科の特徴を備えていた。

その後、パレイアサウルス上科はしだいに多様性を増加させていく。その途上で、ブノステゴス（*Bunostegos*）が出現した。サイズはさほど大きくはなく、基本的な姿はブラディサウルスと変わらないとみられているものの、顔つきに特徴が出ていた。頭頂部、目の上、鼻の上、吻部の下などにぽっこりと盛り上がった大小の突起があったのである。

より進化的とされるパレイアサウルス（*Pareia-saurus*）は、その名が示唆するように、このグループの代表種だ。その姿は、グループとしては原始的とされるブラディサウルスよりは小型で、その全長は1.6 mほどだったとされる。そして、そのパレイアサウルスの近縁種とみられているのが、スクトサウルス（*Suctosaurus*）である。全長は2 m前後。

「進化的なパレイアサウルス上科」とされるパレイアサウルスやスクトサウルスも、実はブラディサウルスと姿形はさほど変わっていない。強いて言えば、皮膚表面の皮骨が増え、やや"どっ

スクトサウルス
(全長2 m前後))

ifのパレイアサウルス上科
パレイアバエヌス・ギガス
(全長8 m)

ifのパレイアサウルス上科
アンブラーティトラブス・ケラトグナトゥス
(全長3〜4 mほど)

しり感"が増したという具合である。よほどこの姿がペルム紀の世界に適応していたのかもしれない。

しかし、約2億5200万年前に発生したペルム紀末の大量絶滅事件で、パレイサウルス上科は完全に姿を消した。そして、大量絶滅事件後の中生代三畳紀になると、魚竜類などの彼らとは別のグループの爬虫類たちが台頭し、多様化し、陸域だけではなく、空や海へとその"領域"を広げていくことになる。

それが"史実"だ。

では、「ペルム紀末の大量絶滅事件」が勃発しなかったら？　パレイアサウルス上科にも海棲種が出現したかもしれない。ここで創造したアンブラーティトラブスとパレイアバエヌスは、そんな「もしも」の先の動物である。

その「もしもの世界」では、まずはアンブラーティトラブスが出現した。海棲適応を"はじめた段階"に相当するものとして創造した。水中で暮らすことにより、大型化が可能となっている。一方で、まだ小さな四肢が残り、皮骨は完全に消失したと想定した。そして、アンブラーティトラブスからさらに進化した"真の海棲種"として想像したものが、パレイアバエヌスである。さらに大型化し、後肢は完全に消失し、尾ビレが発達したと考えたものだ。

分椎類

ぶんついるい

両生類でありながら内陸で進化したものもいた分椎類。過酷な内陸世界の中を古生代から中生代まで生き続けた稀有な存在だ。謎の絶滅を遂げるが、もしもしたたかに生き延びていたら、どんな姿になったのだろうか?

DATA FILE

学名

ヘミスファエラルカ・カラッポイデス

Hemisphaerarca calappoides

分類

両生類 分椎類

近縁有名属

カコプス

Cacops

語源

Hemisphaerarca：半球の箱

calappoides：カラッパっぽい（※「カラッパ（*Calappa*）」はカニの名前で、その名は「ヤシの実」に由来）

正面

側面

上面

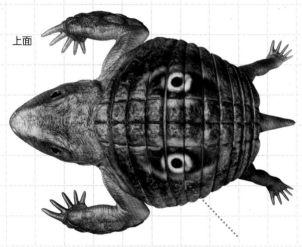

とうこう
橈骨が高く発達し、盾状に発達している。防御姿勢時には、頭部の側面をこれで守る。

細長い鱗板骨が並び、背中の防御力を高めている。

目玉模様は種内闘争や中サイズ以下の捕食者に対する威嚇に用いられる。

Hemisphaerarca calappoides

ヘミスファエラルカ・カラッポイデス

ifのSTORY

　遠い海から吹きつける風が西の大山脈にぶつかって、大量の雨を落としていく。

　長年にわたって降り続いた雨によって、内陸のこの地域には裸子植物とシダ植物を中心とする森林がつくられていた。鬱蒼と茂る森の中には、大小の湖が点在する。一説によると、その湖は地下でつながっているらしい。

　海には海の、川には川の、湖には湖の生態系が存在する。

　森林の中にある湖の周囲には、大型の捕食者から小型の被捕食者まで、多様な動物たちが生息していた。

　カサ。

　カサカサ。

　茂るシダ類を掻き分けて、それは現れた。

　吻部が少し突出した細長い頭部、でっぷりと丸い胴体の背は硬そうで、大きな目玉模様が二つ。尾は細く小さく、後ろ脚は華奢だ。

　前脚は目立っていた。とくに"前腕部"。まるで盾のように薄く高くなっている。しかも、この盾は背中と同じように硬そうだ。

　ヘミスファエラルカだ。

　食事を終えた直後だろうか。

　どことなく満ち足りた表情で、ゆっくりと歩いている。

　ズシン。

　大きな振動が森の中に響いたのは、その時だった。

　森の主が帰ってきたのかもしれない。

　何でも食べてしまうという主。

　しかし、実はヘミスファエラルカは、その姿を見たことはない。

　振動を感知すると、ヘミスファラエカは樹木のそばに身を寄せた。

　腰を下ろし、首を縮め、肘をついて、脇を占める。そして目を閉じた。

　ヘミスファエラルカは、その習性として危険を感じると丸くなる。ただし、手足や頭部を硬い胴部に収納できるわけではない。背を丸め、後ろ脚を畳み、そして頭部を前腕で覆うのだ。

　ズシン。

　ズシン。

　振動と音だけがヘミスファエラルカの身に届く。目を閉じているので、"振動の主"の姿は不明だ。だから、ヘミスファエラルカは、主の姿をしらない。

　背の模様は、一見すると隠れることに不向きに見えるかもしれない。しかしこれは、この森で暮らす大型の捕食者には認知できない色遣いとなっている。種内闘争や、自分と同程度以下の捕食者にのみ認知され、その場合は威嚇として用いられる。

　目を閉じているうちに、振動も音も遠ざかっていった。

　どうやら今日もやりすごすことができたらしい。

分椎類

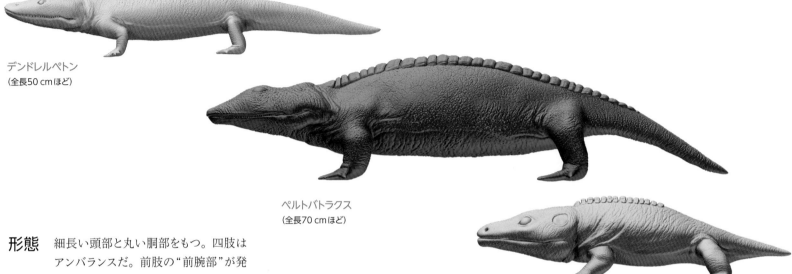

デンドレルペトン
(全長50 cmほど)

ペルトバトラクス
(全長70 cmほど)

カコプス
(全長40 cmほど)

形態　細長い頭部と丸い胴部をもつ。四肢は
アンバランスだ。前肢の"前腕部"が発
達している一方で、後肢は細くて華奢である。尾
も小さい。背中に鱗板骨をもち、前腕部の外側
にも同様の骨片が並ぶ。全長60 cm。

生態　昆虫類などの小動物を食べる。動きは
あまり素早くないが、性格はかなり臆病
なものが多く、身の危険を感じると適当な場所を
見つけて座り込み、頭部を下げ、その脇に前腕
をぴったりとつけ、後肢を腹の下に畳み込み、
尻尾を曲げてからだにはりつけるという「防御姿
勢」をとる。種内闘争や自分と同じサイズ以下の
捕食者に対しては、この防御姿勢から後肢だけ
を瞬間的にのばし、背面の目玉模様を相手に見
せて威嚇する。

進化の系譜　現在の地球で「両生類」とい
えば、「カエル類（無尾類）」
「イモリ類（有尾類）」「アシナシイモリ類（無足
類）」の3グループで、これらはまとめて「平滑両
生類」と呼ばれている。

　生命史を振り返ると、かつては平滑両生類以
外の両生類がいくつも存在した。その多くは、平
滑両生類と祖先・子孫の関係にはなく、そして
すでに絶滅している。40ページで紹介したディ
プロカウルス科も、そんな絶滅両生類グループの一
つに属している。

　古生代石炭紀から中生代三畳紀かけて大繁栄
し、白亜紀まで子孫を残した絶滅両生類のグルー

プに「分椎類」がいる。ディプロカウルス科とは
別の両生類の一部がこのグループに属している。

　分椎類の中には、内陸世界を中心に進化を遂
げた系譜がある。その"起点"近くにいたのは、
石炭紀の地層から化石が発見されているデンドレ
ルペトン（*Dendrerpeton*）だ。全長50 cmほどで、
しっかりとした四肢と腰をもっていた。分椎類で
あるからには両生類の一員ではあるが、その姿
はどちらかといえば、爬虫類を彷彿とさせる。つ
まり、トカゲっぽい。

この系譜では、石炭紀の次の時代であるペルム紀になって、ペルトバトラクス（Peltobatrachus）が出現する。全長70cmほどのペルトバトラクスは、かなりのどっしり型で、背中の体軸付近を骨製の"鎧"で覆っていたとみられている

その後、多様化を遂げ、さまざまな種類が出現する中で登場した分椎類が、ペルトバトラクスと同じペルム紀に生きていたカコプス（Cacops）である。全長40cmほどで、頭部も胴部も祖先と比べると高さがあった。全体的には「ずんぐり」という印象の持ち主だ。背中では、体軸付近を

骨製の鎧で覆っていた。

史実においては、ペルム紀末に史上最大の大量絶滅事件が勃発する。「P/T境界大量絶滅事件」と呼ばれるこの大事件を、しかし、分椎類は乗り切った。三畳紀においても彼らは一定の繁栄を見せ、その後も衰退しながらも系譜の命脈をつないでいった。

繁栄する恐竜類やワニ類、台頭する哺乳類などと競合があったことは想像に難くないが、分椎類の衰退と絶滅に関しては謎に包まれている。

もしも、分椎類が衰退・絶滅せずに、内陸地

域で生き残ったとしたら。

ここで創造したヘミスファエラルカは、その一つの可能性である。カコプスの段階で、"ずんぐり感"と"背の鎧"が確認できているため、さらにこの傾向を強める形で生み出した。すなわち、カメ類やアルマジロ類にみられるような「防御特化」の進化である。防御特化型は、他の分類群でもしばしば出現しており、多様化する分椎類に出現しても不思議でないだろう。ここでは、防御に特化しながらも、必要に迫られれば、相手を威嚇することもできる。そんな姿を現出させたものだ。

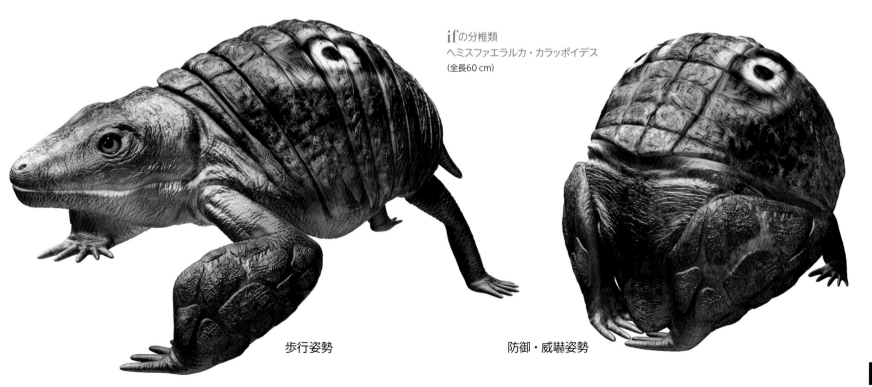

ifの分椎類
ヘミスファエラルカ・カラッポイデス
（全長60cm）

歩行姿勢　　　　　　防御・威嚇姿勢

CHAPTER Ⅱ
中生代のif

中生代正史

約2億5200万年前に始まった中生代は、約2億年前と約1億4500万年前を境として、古い方から三畳紀、ジュラ紀、白亜紀に分割され、三畳紀とジュラ紀は前期、中期、後期にそれぞれ3分され、白亜紀は前期と後期に2分される。

中生代の主役はなんといっても爬虫類だった。

まず、三畳紀には爬虫類の1グループである偽鰐類（ぎがくるい）が台頭した。偽鰐類はその後、ワニの仲間の系譜だけが残り、水際世界を中心に繁栄を続けることになる。

爬虫類の1グループである恐竜類はジュラ紀から本格的に栄えていく。

ジュラ紀に栄えた恐竜グループの中に、ステゴサウルスに代表されるステゴサウルス科があった。

一方、おそらく最高の知名度をもつ恐竜類、ティラノサウルスに代表されるティラノサウルス上科はジュラ紀に登場し、白亜紀に栄えた。トリケラトプスのケラトプス類、テリジノサウルスのテリジノサウルス上科、

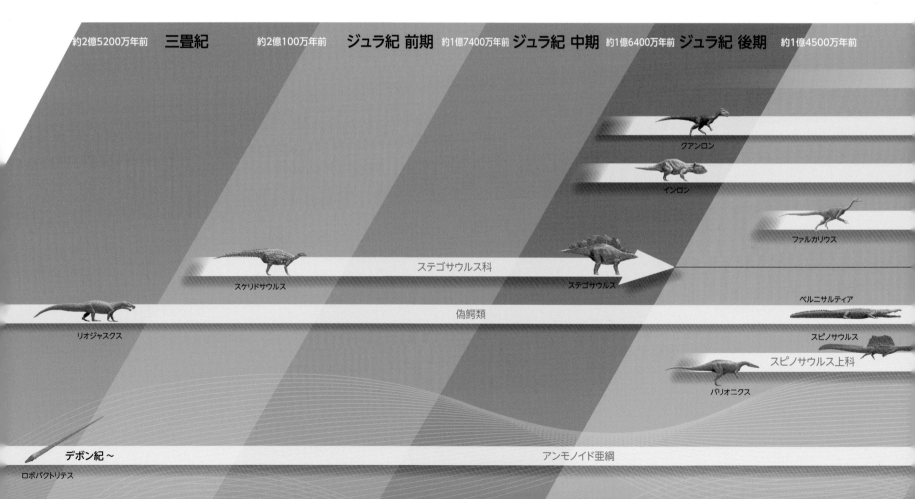

約2億5200万年前　三畳紀　　約2億100万年前　ジュラ紀 前期　約1億7400万年前　ジュラ紀 中期　約1億6400万年前　ジュラ紀 後期　約1億4500万年前

クアンロン

インロン

ファルカリウス

ステゴサウルス科

スケリドサウルス　　　　　　　　　　　　　　　　　　ステゴサウルス

偽鰐類

ベルニサルティア

リオジャスクス

スピノサウルス

スピノサウルス上科

バリオニクス

デボン紀〜　　　　　　　　　　　　　　　　　　　　アンモノイド亜綱

ロボバクトリテス

ifの生物たち

スピノサウルスのスピノサウルス上科といったグループも白亜紀に隆盛したグループである。

そんな白亜紀の空では翼竜類のアズダルコ上科が飛び、海の生態系ではモササウルス上科が上位にいた。また、中生代を通じて、アンモノイド亜綱が繁栄した。そして、約6600万年前に勃発した大量絶滅事件で終わる。鳥類をのぞくほとんどの恐竜類、翼竜類、モササウルス上科などの大型海棲爬虫類はこのときに姿を消した。

中生代の"世界線"も二つ用意した。一つは、「もしも6600万年前の大量絶滅事件がなかったとしたら」。もう一つは、その大量絶滅事件待たずに姿を消したステゴサウルス科やスピノサウルス上科などが「滅びなかったとしたら」だ。

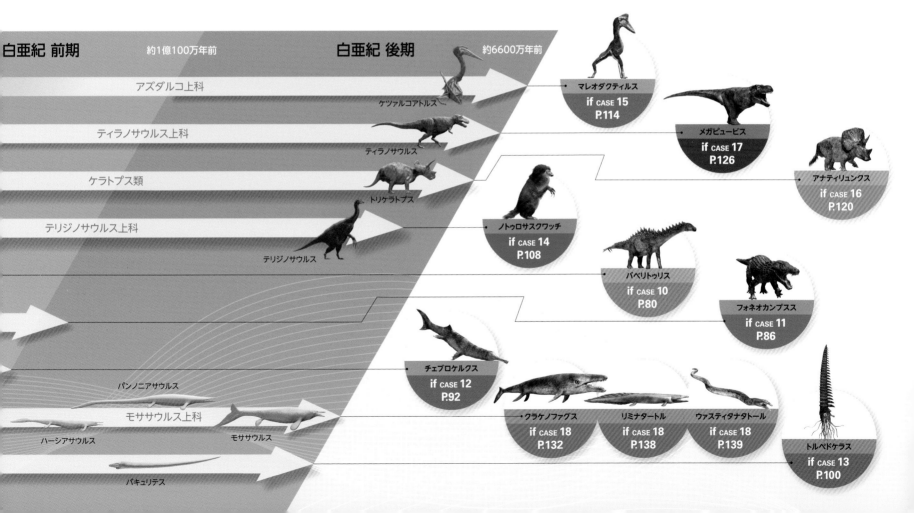

白亜紀 前期　　約1億100万年前　　白亜紀 後期　　約6600万年前

アズダルコ上科
ケツァルコアトルス
マレオダクティルス
if CASE 15 P.114

ティラノサウルス上科
ティラノサウルス
メガビュービス
if CASE 17 P.126

アナティリュンクス
if CASE 16 P.120

ケラトプス類
トリケラトプス

テリジノサウルス上科
テリジノサウルス
ノトゥロサスクワッチ
if CASE 14 P.108

バベリトゥリス
if CASE 10 P.80

フォネオカンプスス
if CASE 11 P.86

チェブロケルクス
if CASE 12 P.92

パンノニアサウルス
モササウルス上科
ハーシアサウルス
モササウルス

クラケノファグス
if CASE 18 P.132

リミナタートル
if CASE 18 P.138

ウァスティタナタトール
if CASE 18 P.139

トルペドケラス
if CASE 13 P.100

バキュリテス

ステゴサウルス科

ジュラ紀に大繁栄するも白亜紀になって数を減らし、大量絶滅事件以前に姿を消したステゴサウルス科。彼らが上手く生き延び進化が継続されたならば、その姿は一体どんな感じになるのだろう？

上から見た皮骨板は、アルファベットの「S」の字のようになって前後で噛み合っている。

背骨にそって並ぶ皮骨板は、長い首と尾を吊り下げる吊り橋のケーブルのような役割を担う。連なった皮骨板が突っ張って、上から背骨を"引っ張り上げる"のである。また、表面には血管が配置され、放熱器官としても役立っている。

上面

側面

正面

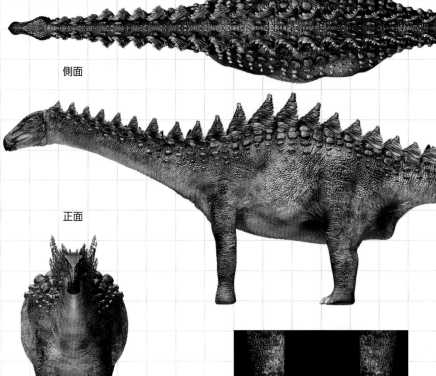

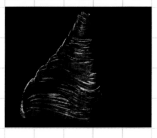

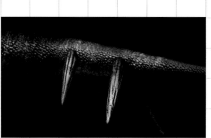

指はほぼ消失し、全体としては柱のような形状となっている。

たいていの肉食動物の体高は、バベリトゥリスよりも低いため、スパイクはやや斜め下に向けて配置されている。

DATA FILE

学名
バベリトゥリス・ウルネラータ
Babeliturris vulnerata

分類
恐竜類 鳥盤類 ステゴサウルス類
ステゴサウルス科

近縁種
ステゴサウルス属
Stegosaurus

語源
Babeliturris：バベルの塔
vulnerata：負傷兵

Babeliturris vulnerata

バベリトゥリス・ウルネラータ

if の STORY

赤から黒へ。空の色が変わっていく。

ポツリポツリと見え始める星々。もうしばらくすれば、南十字星が地平線から昇ってくるはずだ。

バベリトゥリスは、今日の寝床を探していた。30 mを超す巨体が歩くと、あたり一帯に低い足音が響く。長い首と長い尾をピンと伸ばし、背に並ぶ板が夕焼けを反射して赤く輝いている。

寝床……といっても、四肢を投げ出して地面に寝そべるわけではない。基本的には立ったまま眠る。成体となったバベリトゥリスを襲う肉食恐竜はほとんど存在しないけれども、それはバベリトゥリスが起きていればこそだ。単独で暮らす彼は、睡眠時が最も無防備になる。狩人たちの多くも夜間は眠りにつく。しかし、夜行性の種もいるので、油断ならない。

深い眠りにつかないとはいえ、それでもからだを休められる場所が欲しい。

岩山の影、森の影などを探し、可能であれば、からだを預けられる山肌か、あるいは、巨木があると良い。

今日は1日、森の外を歩き回った。

点在する林の間を歩き、新芽を中心に食べてきた。この季節、やわらかい芽は消化に良く、バベリトゥリスにとっては実に楽しい季節だ。幸い、今日は小うるさい肉食恐竜たちを見かけることはなかった。尾の先のスパイクが、良い威嚇効果を出しているのかもしれない。

しかし、楽しみすぎた。

夢中になって新芽を食べ、次の林に移動して新芽を食べ、また歩いて新芽を食べているうちに、昨夜休んだ場所から遠く離れ、今日の"寝床"探しもままならない場所までやってきてしまった。

幸いにして、空気はさほど冷たくない。

まだまだ歩き続けることはできるはず。

夜の冷えた空気があたりを支配する前に、今日の"寝床"を見つけたかった。一眠りして、また夜が明ければ、近くにある新芽を食べるのも良いだろう。周囲には、まだたっぷりと残っているはずだ。この地域にいるバベリトゥリスは、今のところ、彼だけなのだ。

形態　長い首と長い尾、柱のような四肢をもつ。背中には皮骨板（ひこつばん）が並ぶ。「バベリトゥリス」という属名は、この皮骨板の形状を『旧約聖書』の「バベルの塔」に見立てたもの。また、前足の指がすべて消失していることにちなんで、「負傷兵」を意味する「ウルネラータ」という種小名が名付けられている（ただし、「指がない」のは種としての特徴で、怪我によるものではない）。全長32 m。

生態　植物食性の巨大恐竜。背中の皮骨板で体温を調整しつつ、長距離を旅することがある。植物は口ですりつぶすことはなく丸呑みで食し、ときに小石を飲み込んで胃石として用いる。背中の皮骨板は成長にともなってゆるやかに螺旋を描きながら高くなる。

スケリドサウルス科

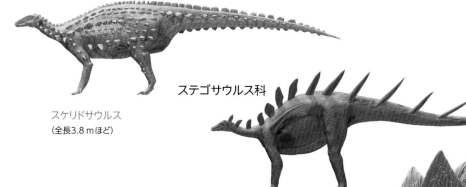

スケリドサウルス
（全長3.8 mほど）

ステゴサウルス科

ケントロサウルス
（全長4 mほど）

ステゴサウルス
（全長6.5 mほど）

進化の系譜

ステゴサウルス科は、「ステゴサウルス類」── 一般に「剣竜類」と呼ばれるグループを構成する植物食恐竜たちの集まりだ。剣竜類は、同じく一般に「アンキロサウルス類」あるいは「鎧竜類」と呼ばれる恐竜たちとともに「装盾類」というより大きなグループをつくっている。板状の骨の芯が入った大きな“ウロコ”を体表に並べた恐竜たちである。

装盾類において最も原始的とされる恐竜は、ジュラ紀前期のイギリスから化石が発見されているスケリドサウルス（*Scelidosaurus*）などである。スケリドサウルスは、ステゴサウルス類でもアンキロサウルス類でもない存在で、全長は3.8 mほど。のちの装盾類たちと比べるとほっそりとしており、全体的に華奢だった。そして、背中には多数の皮骨板が並んでいた。

装盾類は、ジュラ紀の間にステゴサウルス類とアンキロサウルス類に分かれ、それぞれ独立して進化を重ねた。ステゴサウルス類の一つのグループとして出現したステゴサウルス科においては、

例えばケントロサウルス（*Kentrosaurus*）などが原始的な種類とされている。

ケントロサウルスは、タンザニアに分布するジュラ紀後期の地層から化石が発見されている。全長4 mほどで、骨の板が背中に並んでいるものの、その並びは前半身に限定されている。後半身の背には骨の板ではなく、トゲ（スパイク）が並んでいた。

そして、進化的なステゴサウルス科とされる恐竜が、グループの代表種でもあるステゴサウルス（*Stegosaurus*）である。アメリカに分布するジュラ紀後期の地層から化石が発見されているこの恐竜は、全長6.5 mほどだ。スケリドサウルスと比べると1.7倍、ケントロサウルスと比べても1.6倍以上に長い。

ステゴサウルスの背には、後頭部から尾にい

たるまで、大小の皮骨板が左右交互に並んでいた。首の前端や尾の後端に近いほど骨の板は小さく、腰の上あたりで大きくなっていた。尾の先には2対4本の大きなスパイクがあり、このスパイクで襲撃してきた肉食恐竜と戦っていたという指摘がある。

"史実"におけるステゴサウルス科はジュラ紀に大いに繁栄するも、白亜紀になるとその多様性を激減させ、そして白亜紀末の大量絶滅事件を待たずに絶滅した。その原因はよくわかっていないが、例えば、白亜紀後期に栄えたケラトプス類（120ページ参照）などと比べると、ステゴサウルス科の恐竜たちは"植物食動物としての性能"が弱かったことがわかっている。彼らは植物を口で咀嚼することができず、丸呑みすることとしかできないのだ。こうした"性能のちがい"が、何かしら影響を与えたのかもしれない。

もしも、ステゴサウルス科の恐竜が滅びなかったとしたら？

今回は、まず「生き残りの地域」を模索した。白亜紀当時、咀嚼可能な恐竜たちは主に北半球で栄えており、ステゴサウルス科が生き延びることは難しい。そこで、南半球でステゴサウルス科の進化が進んだと仮定した。

実はステゴサウルス科の前足の構造は、竜脚類（首と尾の長い大型の植物食恐竜グループ）と似ている。進化するほどに似てくるのだ。では、もしも、前足だけではなく、他の部分も竜脚類のように進化したら？　……つまり、大型化したら？　その仮定のもとに創造した恐竜が、バベリトゥリス・ウルネラータである。

ifのステゴサウルス科
バベリトゥリス・ウルネラータ
（全長32 m）

偽鰐類

<ruby>偽鰐類<rt>ぎがくるい</rt></ruby>

三畳紀に登場した偽鰐類。今でもワニ類として命脈を保っている。現生のワニは水辺の生物だが、中生代には内陸を闊歩する系統もいた。陸上進出経験のある偽鰐類が再び内陸へと進出し、白亜紀末の大量絶滅事件を乗り越えたら、どんな姿になるのだろう?

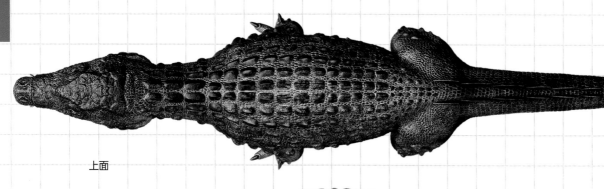

上面

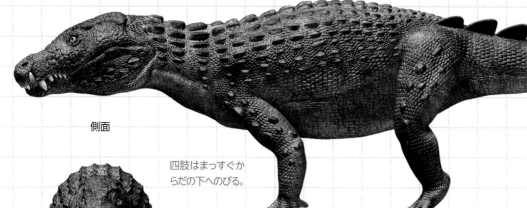

側面

四肢はまっすぐからだの下へのびる。

両眼は正面を見据える。

正面

極太の歯は、獲物の骨まで破壊できるほどの頑丈さ。

DATA FILE

学名

フォネオカンプスス・エラーンス
Phoneochampsus errans

分類
爬虫類 偽鰐類 ワニ形類 ネオスクス類

近縁有名種
ベルニサルティア・ファゲシイ
Bernissartia fagesii

語源
Phoneochampsus:殺し屋のワニ
errans:徘徊する

Phoneochampsus
errans

フォネオカンプスス・エラーンス

ifのSTORY

　どっしりとした四足獣が、今、土を掘ることに夢中になっている。

　大小の植物が茂る沼沢地。四足獣……彼は、自分の下顎の先端にある平たい牙を器用に使いながら、植物の根を掘り起こしている。

　"彼"のまわりでは、食事を終えた仲間が、口をもぞもぞと動かしながら周囲に眼を配っている。

　天気の良い昼下がり。

　植物食の四足獣たちにとって、心地の良い時間……。

　……そんな時間が、永遠に流れていくと思われた。

　突如、遠方で茂みが割れ始めた。

　警戒にあたっていた仲間が、その接近を察知。一声鳴くと、接近する"何か"とは別方向へ逃走を開始。

　食事中だった"彼"も、すぐさま食事を中断し、仲間たちの後を追いかける。

　一拍遅れて、フォネオカンプスス・エラーンスが現れた。四足獣2頭分を超える巨体。そんな巨体に関わらず、からだの下にまっすぐと伸びた四肢で地面を蹴り、"彼"にせまる。

　当初、"彼"は、十分な距離をもって逃走を始めたはずだった。

　しかし、1分も立たずして、フォネオカンプススは"彼"に追いついた。

　併走される。

　足音が大きくなり、その音に荒い呼吸音が混ざる。そして、湿った鼻息が、"彼"の側面にせまった。フォネオカンプススがその顎門を大きく開いた。太い牙が並んでいる。

　……それが、"彼"の見た最後の景色だった。

　どっ。

　地響きとともに、四足獣が倒れ込んだ。

　フォネオカンプススはその首にしっかりと嚙み付いている。前足を四足獣の肩に乗せ、そして体重をかける。フォネオカンプススが首を一振りすると、「ゴキュ」という音が周囲に響いた。四足獣の首の骨が折れる音だった。

　沼沢地に静寂が戻ってきた。

　時折、「ゴキュ」「ボリ」といった何かが壊れる音が聞こえてくる。

　フォネオカンプススの口周りが紅に染まった。

　近くの沼にも血が流れ込み、水の色を変える。

　フォネオカンプススは、一定の大きさに嚙み切った"彼"の肉を口に含むと、上を向いて喉にそれを落とし込んでいる。

　フォネオカンプススの食事を邪魔するものなどいない。怖くてそんなことはできやしない。一歩間違えば、自分がフォネオカンプススに喰われてしまう。

　しかし、そのおこぼれをもらおうと、沼沢地に肉食獣たちが姿を現し始めた。血の匂いを嗅ぎづけたのだろう。

リオジャスクス
(全長1.5 mほど)

ゴニオフォリス
(全長2〜3 m)

ベルニサルティア
(全長60 cmほど)

形態

四肢をからだの下に伸ばした"ワニ"（正しくは、ネオスクス形類）。吻部が短く、眼は正面を向いていた。尾の断面はほぼ円形で、ややでっぷりとしたからだつき。口には舌がなく、歯の断面はアルファベットの「D字」型。口腔内にある翼状骨から下顎の後部の突起に伸びる筋肉が発達し、顎を力強く閉じることができる。全長5 m。

生態

内陸を歩き回り、獲物を見つけると追いかける。一定以上の速度を出して走行することが可能だ。生態系の最上位に君臨した。捕らえた獲物は、頭と首を上に向けることで、喉の奥へと落とし込んでいた。

進化の系譜

「偽鰐類」というグループがある。「偽」という文字を使いながらも、現生のワニ（鰐）の仲間を内包するグループだ。現生のワニの仲間は、一般に「正鰐類」とも呼ばれる「エウスクス類」に分類され、偽鰐類内の1グループとして中生代白亜紀に登場した。

偽鰐類自体の歴史は古く、三畳紀にまで遡ることができる。アルゼンチンの三畳紀後期の地層から化石が発見されているリオジャスクス（Riojasuchus）は、偽鰐類の初期の種類として知られる。

リオジャスクスは全長1.5 mほどと、長さだけでみれば現代日本で暮らす盲導犬のラブラドール・レトリバーの倍ほどの大きさ。ただし、リオジャスクスの場合、その全長の半分を尾が占めていた。

リオジャスクスの外見は、「強いていえば」エウスクス類と似ている、といえなくもないかもしれない。しかし、それはかなり「強いて」の表現だろう。なにしろ四肢をまっすぐ胴体の下に伸ばして胴体を支え、陸上をスタスタと歩き回ることが可能だった。首も細長く、エウスクス類がもつ水平方向に扁平なからだつきでもない。

やがて、偽鰐類の中に「ワニ形類」というグループが出現した。このグループを代表する種類の一つが、ジュラ紀後期の地層から化石が発見されているゴニオフォリス（Goniopholis）だ。

ゴニオフォリスのその見た目はかなり「ワニっぽい」。腹這いの姿勢で、四肢は水平方向へまずのびる。全長は2〜3 mほどで、これは現生の

if の偽鰐類
フォネオカンプスス・エラーンス
（全長5 m）

のは、ヨーロッパに分布する白亜紀前期、約1億2900万年前〜約1億2500万年前の地層などから化石が発見されているベルニサルティア（*Bernissartia*）である。ベルニサルティアは、全長60 cmほどの小型なワニ形類で、背中の鱗板骨は4列あったゴニオフォリスより2列多い。やはり、半水半陸棲だった。

ゴニオフォリスもベルニサルティアも、ワニ形類の中でさらに「ネオスクス類」と呼ばれるグループに属している。そして、"史実"ではこのネオスクス類の中にエウスクス類が出現し、現在に至る。

もしも、ネオスクス類が出現し始めた段階で、半水半陸の生態を放棄し、リオジャスクスのような内陸型へと"先祖返り"したらどうなっただろう？　そして、白亜紀末に発生した大量絶滅事件を乗り越えて、内陸域のトッププレデターとなったとしたら？　フォネオカンプススはそんな「もしも」で創造したネオスクス類だ。偽鰐類の中に生まれた、一つの可能性である。もしも、フォネオカンプススのような偽鰐類（ネオスクス類）が新生代の地上にいたのなら、肉食性哺乳類の台頭はなかったか、あるいは、かなり遅れたかもしれない。

エウスクス類でいえば、動物園でおなじみのメガネカイマン（*Caiman crocodilus*）と同じくらいのサイズである。エウスクス類とのちがいで目立った点を一つ挙げるとすれば、背中の鱗板骨で、エウスクス類のそれが6列であることに対し、ゴニオフォリスのそれは2列だった。

また、ゴニオフォリスはリオジャスクスのように内陸をスタスタ歩くのではなく、水辺に暮らす半水半陸棲だったとみられている。偽鰐類による水辺の"支配"は、その後、現在に至るまで続いている。

さらに一歩、エウスクス類に近づいたとされる

スピノサウルス上科

映画『ジュラシック・パーク3』で登場し、人気恐竜となったスピノサウルス。映画では陸上を闊歩していたが、最近では生活の大半は水中であったとの指摘がある。白亜紀の半ばに絶滅してしまったが、そのまま進化し続けたのなら、どこまで水中適応するのだろう？

上面

側面

正面

四肢はヒレ化しているが、完全ではなく、爪の先端が見えている。

背中のキールは、祖先種であるスピノサウルスの名残り。オスにのみ発達する。

DATA FILE

学名
シェブロケルクス・プラタニストイデス
Chevrocercus platanistoides

分類
爬虫類 恐竜類 竜盤類 獣脚類
スピノサウルス上科

近縁有名種
スピノサウルス・エギピティアクス
Spinosaurus aegyptiacus

語源
Chevrocercus：（血導弓で構成された）
「く」の字型の尾
platanistoides：イルカのような

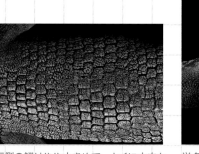

現生のハクジラ類のように額の位置に「メロン」と呼ばれる脂肪の塊をもつ。これにより、鼻孔の奥で発生させた超音波を集約し、ソナーとして発信させることができる。なお、鼻孔は後退した位置にあり、孔は上を向いている。

腹側の鱗はやや大きめで、とくに丈夫なものとなっている。これによって、出産時などで上陸する際に、腹が保護される。

学名の由来ともなっている尾ビレ。ヒレの中は、上半分は尾椎骨で構成され、下半分には血導弓が並んでいる。

*Chevrocercus
platanistoides*

シェブロケルクス・プラタニストイデス

ifの STORY

　広い広い、深い深い河口だ。

　水流はゆっくりと流れ、水質はお世辞にも綺麗とはいえない。細かな粒子が水中に漂って、視界を妨げている。

　魚たちにとって、この水質は都合が良い。

　粒子に含まれる養分がプランクトンを増やし、そのプランクトンを食べる小さな無脊椎動物がこの河口には無数に暮らしている。遠くまで視覚が届かなくても、そうした小動物を捕まえることは簡単だ。

　何よりも、濁った水は天敵である翼竜類から魚たちの姿を隠してくれる。よほど表層まで浮かび上がらない限り、空から襲われることはない。

　しかし。

　しかし、そんな魚たちを捕捉する狩人がいないわけではない。

　魚たちは気づいていないだけだ。

　遠く離れた場所から、時折送られてくる超音波。この超音波が魚たちのからだに反射して、発信者に魚たちの大きさや位置、移動速度、進行方向などを伝えている。

　超音波の発信者は、シェブロケルクス・プラタニストイデス。

　この大河に暮らす"主"だ。

　その頭部は吻部が細長く伸び、額が少し膨らんでいる。超音波は、この額の奥から発せられている。四肢は厚めのヒレ状。胴体も細長く、尾は太くて力強い。そして、その先に三日月型の尾ビレがあった。

　反射波を頼りに、シェブロケルクスは濁った水の中をゆっくりと進む。

　そして、魚たちが気づくかどうかという距離に迫ったとき、勢いよく尾ビレを左右に振った。

　加速する。

　頭部をちょっとひねり、最も近くを泳いでいた魚をその口に捕らえ、そして急上昇。水面から顔を出すと魚をほぼ真上に放り投げた。

　重力に従ってまっすぐに落ちてくる魚を、シェブロケルクスは大きく開いた口で丸呑みする。

　そして、またゆっくり、ゆったりとした泳ぎに戻っていく。

　水面から水が吹き出した。

　シェブロケルクスが上向きの鼻孔から、"潮"を吹いたのだ。

　大きく空気を吸い込んで、俯角をとる。ゆっくりと尾を左右に振ると、再び濁った水の中へとその身を沈めていった。超音波による探査によって、次の獲物の位置も把握済みだ。

形態　現生のインドガビアル（*Gavialis gangeti-eus*）を彷彿とさせる頭部をもつものの、そこには、ハクジラ類がもつようなメロンが発達している。全体的な形は流線型に近く、ヒレ脚となった四肢をもつ。尾は太くて力強く、尾ビレはいわゆる「三日月型」。全長10 m。

生態　産卵時などの特別な場合をのぞき、基本的には水中で魚を狩って暮らす。恐竜類においては、かなり珍しい「水棲種」。瞬間的な加速をのぞき、一定以上の速度で泳ぎ回ることはしない。濁った水中で暮らしているが、超音波を発してソナーがわりに使うことができるため、獲物等の位置を正確にとらえることができる。

バリオニクス
（全長7.5mほど）

イリータートル
（全長7.5mほど）

スピノサウルス
（全長15m）

進化の系譜

肉食恐竜、といえば、その多くは内陸で暮らしていた。植物食恐竜をはじめ、さまざまな陸上動物を狩り、そして、食べていたと考えられている。そんな肉食恐竜が属する"大きなグループ"を「獣脚類（じゅうきゃくるい）」という。

獣脚類の中には、さまざまな恐竜グループが属している。その中の一つが「スピノサウルス上科」と呼ばれるグループだ。

初期のスピノサウルス上科を代表する恐竜の一つとして、白亜紀前期にあたる約1億2000万年前のニジェールに生息していたバリオニクス（Baryonyx）を挙げることができる。沿岸地域に暮らしていたとされるこの恐竜は、全長7.5mほどで、全体としてはほっそりとしていた。他のほとんどの獣脚類と同じように二足歩行であり、他のほとんどの肉食性の獣脚類とはちがって円錐形の歯をもっていた。

肉食性の獣脚類は、程度の差こそあれ、ステーキナイフのように「肉を切る」ことに適した歯を

もっていることが多い。しかしバリオニクスがもつような円錐形の歯は、肉を切ることには向いていない。これは、現生のワニ類のものとよく似ていて、「魚に刺す」ことに向いている。魚に刺して確保し、その後、ひと飲みにするのである。実際、バリオニクスの化石でその腹部のあった場所からは、消化途中の魚の鱗の化石も発見されている。肉食性というよりも、「魚食性」といえる。もっとも、完全な魚食性というわけではなく、陸棲の植物食恐竜を食べていたことも示唆されている。

また、バリオニクスの吻部（ふんぶ）は細長い。これは、

水中で吻部を動かすことに向いた形だ。水の抵抗が小さくてすむ。

バリオニクスの"一歩先"に位置付けられる獣脚類は、白亜紀前期の末期にあたる約1億1300万年前〜約1億年前のブラジルに生息していたイリータートル（Irritator）だ。こちらは姿もサイズもバリオニクスとよく似ていた。ただし、頭骨における鼻孔の位置が後退し、眼窩（がんか）の近くにあった。これにより、吻部を水中につけたままでも呼吸できたとみられている。

その後に出現したのは、白亜紀後期の初頭に

ifのスピノサウルス上科
シェブロケルクス・プラタニストイデス
（全長10m）

オス

メス

あたる約1億年前〜約9500万年前のエジプトに生息していたスピノサウルス（*Spinosaurus*）である。全長15 mに達するこの恐竜は、背に大きな"帆"をもっていたことで知られる。頭部はバリオニクスやイリテーターとよく似るものの、鼻孔の位置はさらに後退していた。

スピノサウルスは、その"最良の標本"が第二次世界大戦で失われて以来、謎の多い恐竜として知られている。2014年と2020年に発表された研究では、獣脚類としては珍しく、四肢の長さはほぼ同じであり、尾をつくる尾椎骨それぞれの上部（棘突起）が伸びて、長い尾ビレをつくっていたとされた。その生活の大半は水中にあったという。

スピノサウルス上科の歴史は、現在までに発見されている化石記録で見る限り、スピノサウルスで終わっている。その理由はわかっていない。シェブロケルクスは、スピノサウルスからさらに水棲適応が進んだ場合を想像したものだ。本格的な水棲適応をするというのであれば、四肢はヒレとなっていた方が便利であるし、大きな帆は明らかに邪魔なので、性的ディスプレイとして役立つ程度に小さくした。鼻孔はスピノサウルスよりもさらに後退させ、ハクジラ類の鼻孔の位置と収斂させた。また、棘突起よりも、尾椎骨の下につくしっかりとした骨（血導弓）の方が、より推進力を出すことができる。そこで、血導弓が発達した三日月型の尾ビレとした。

if CASE
13

アンモノイド亜綱

殻を背負い海を漂うアンモノイド亜綱。そのキュートな姿が大人気。白亜紀末にほとんどが絶滅したが、そのまま進化し続けたらどうなるのだろう?

DATA FILE

学名
トルペドケラス・ムルティラミナートゥム
Torpedoceras multilaminatum

分類
軟体動物 頭足綱 アンモノイド亜綱 アンモナイト目
アンキロセラス亜目

近縁有名種
アンキロセラス亜目の各種
Ancyloceratina

語源
Torpedoceras：魚雷のようなツノ
multilaminatum：たくさんの板

上面

基本部分は円錐形（断面は円）に近いものの、キール状構造が発達しているため、全体としては涙型に近くなっている。

キール状構造があるため、海流に対する角度がほぼ一定に保たれる。

背面　　　　側面

100

Torpedoceras multilaminatum

トルペドケラス・ムルティラミナートゥム

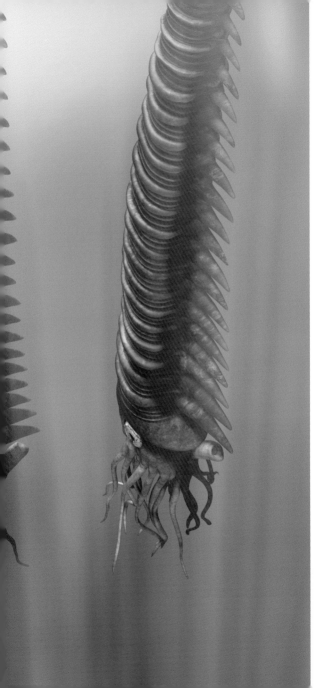

if の STORY

　それはまるで浮遊する"柱"だった。

　陽の光が、紺碧の海に注ぎ込む。

　その中に"柱"が何本も浮いていた。垂直に。

　その柱をよく見ると、上方は細く、下方は太くなっている。円錐形に近い形状の殻をしているけれども、上方はややしなっていた。

　円錐形……という形容も実は正しくない。ある方向に、刃状構造が一列に並んでいる。

　下端からは、タコの顔のような軟体部が見える。うねうねと動くのは、10本を超える細い腕だ。そして、太い漏斗も見える。

　時折、強い水流がやってくる。

　その都度、太い漏斗を動かし、漏斗から水を吐き出し、姿勢を制御する。

　ここは、トルペドケラス・ムルティラミナートゥムの密集海域。

　温暖な水流が、無数のプランクトンを運んでくる肥沃な海域だ。

　トルペドケラスは、その海域に浮遊して、プランクトンを捕まえ、食べる。

　豊富なプランクトンが、数十匹のトルペドケラスの共存を可能にしていた。

　トルペドケラスは、アンモナイト類の一員である。

　アンモナイト類は、総じて"遊泳性能"が高くない。種によっては海底付近で、あるいは浅海で、それぞれ"鈍重な獲物"を探して暮らしている。

　トルペドケラスもこうした例にもれず……否、それ以上に遊泳性能は高くない。

　しかし彼らには、水流の中で姿勢を安定させる刃状構造をもっていた。

　数匹のトルペドケラスが下降を始めた。

　彼らの殻の中は、「気室」と呼ばれるたくさんの小部屋に分かれている。気室に体液を注入し、その重さで沈んでいくのだ。

　何かを察知したのだろうか。

　しだいに下降を始めるトルペドケラスが増える。

　やがて静かになったその海域に、なにやら大きな海棲動物がやってきた。間一髪というべきか。

　トルペドケラスの群れは、天敵の襲撃を回避できるようだ。

形態　全長50 cmほど。殻はほぼまっすぐな円錐形で、その表面に発達した太い肋に対応するように、刃のような形のキールが並ぶ。なお、アンモノイド亜綱共通の特徴として、殻の内部は隔壁によって多数の小部屋（気室）に分かれている。軟体部があるのは、殻の口近辺のみである。

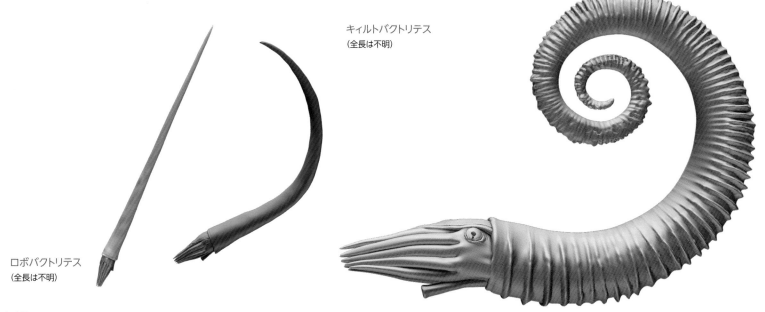

キィルトバクトリテス
（全長は不明）

ロボバクトリテス
（全長は不明）

アネトセラス
（長径15 cmほど）

生態　主として海中に漂うプランクトンを食べる。敏捷性に乏しく、基本的には海中に「浮いているだけ」。殻を垂直に立てて、キール状構造を使って姿勢を安定させている。気室内の液体量を調整することで、上下方向への移動を行う。ときに大規模な群れを組むことが知られている。

進化の系譜　「アンモナイト」といえば、中生代の海の"名脇役"として知られる。そもそも、「アンモナイト」とは一つの種を指す言葉ではなく、「アンモナイト類」と呼ばれる海棲動物のグループの名前だ。そして、一般に呼ばれる「アンモナイト類」という言葉には狭義と広義が存在し、狭義の場合は「アンモナイト目」を、広義の場合は「アンモノイド亜綱」を指す。

　アンモノイド亜綱は頭足類の一員であり、タコ類やイカ類、オウムガイ類の仲間だ。このうち、オウムガイ類がアンモノイド亜綱の祖先にあたるとみられており、遅くても古生代シルル紀（約4億4400万年前〜約4億1900万年前）には初期のアンモノイド亜綱が登場していた。

　初期のアンモノイド亜綱は、古生代デボン紀（約4億1900万年前〜約3億5900万年前）に登場したロボバクトリテス（*Lobobactrites*）や、キィルトバクトリテス（*Cyrtobactrites*）に代表される。こうした初期のアンモノイド亜綱は部分化石しか見つかっておらず、全長は不明。復元される姿は"よく知られるアンモナイト"とは似ても似つかなかった。より古いロボバクトリテスの殻はまっすぐ円錐形であり、より進化的とされるキィルトバクトリテスの殻はやや弓なりになっている程度だ。つまり、初期のアンモノイド亜綱は"よく知られるアンモナイト"のように、殻が巻いていない。

　そしてデボン紀の間に、アンモノイド亜綱は急速に殻を巻いていくのである。たとえば、キィ

アンモナイト目

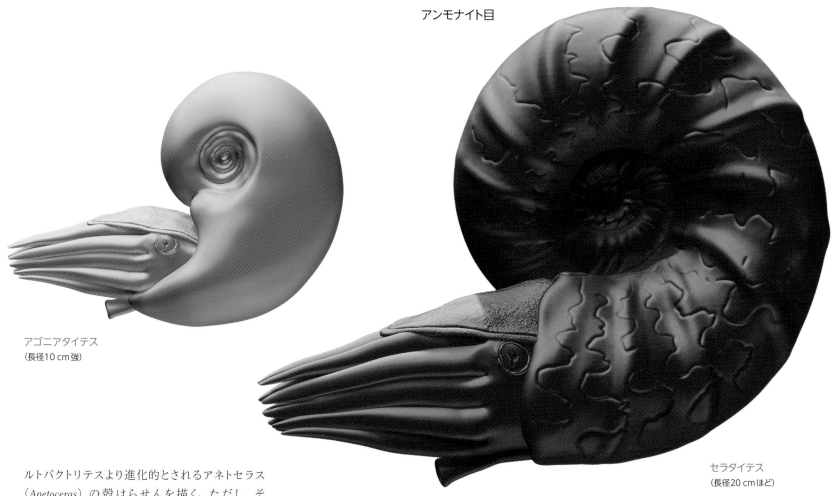

アゴニアタイテス
(長径10 cm強)

セラタイテス
(長径20 cmほど)

ルトバクトリテスより進化的とされるアネトセラス（*Anetoceras*）の殻はらせんを描く。ただし、その巻きはゆるく、外側の殻と内側の間には隙間があった。アネトセラスの場合、長径が15 cmほどだった。

　アネトセラスよりもさらに進化的とされるのは、アゴニアタイテス（*Agoniatites*）で、長径10 cm

強のその殻はらせんを描き、巻きは締まり、外側の殻と内側の間に隙間はない。

　こうしたアンモノイド亜綱の中で、長径20 cmほどの殻をもつセラタイテス（*Ceratites*）の仲間

から、「狭義のアンモナイト」であるアンモナイト目が出現したと考えられている。中生代三畳紀（約2億5200万年前〜約2億100万年前）のことだ。ヨーロッパでよく知られる中生代ジュラ紀

ダクチリオセラス
（長径10 cmほど）

アンキロセラス亜目

ユーボストリコセラス
（高さ10 cmほど）

（約2億100万年前〜約1億4500万年前）の長径10 cmほどのアンモナイト目であるダクチリオセラス（Dactilioceras）などは、まさに"典型的なアンモナイト"といえるだろう。

　アンモナイト目の出現まで、アンモノイド亜綱は基本的に「殻が密に巻く」ように進化してきた。ある仮説によれば、巻きが締まっていくほどにアンモノイド亜綱の遊泳能力は向上し、相対的に素早く泳ぐことができたとされている。

　しかしジュラ紀後期以降になると、まるで先祖返りするかのように、殻の巻きがほどけたものが出現する。中生代白亜紀（約1億4500万年

前〜約6600万年前）に出現した高さ10 cmほどのバネのような姿をしたユーボストリコセラス（Eubostrychoceras）や、蛇が複雑にとぐろを巻いたような殻をもつ大きさ10 cmほどのニッポニテス（Nipponites）などは、まさにそうした"ほつれたもの"であり、なかには長さ10 cmほどの殻をもつバキュリテス（Baculites）のように、ほぼまっすぐにのびたものもいた。こうした"殻が密に巻いていないアンモナイト"は、アンキロセラス亜目というグループに属し、一般に「異常巻きアンモナイト」と呼ばれる。なお、この場合の「異常」とは病的や遺伝的な異常を指すわけではなく、ま

してや進化の失敗作を示唆するものでもない。あくまでも、「殻が密に巻いていない」ということだけで、彼らは彼らで大繁栄していたのである。

　アンモナイト目は、アンモノイド亜綱の中で最も

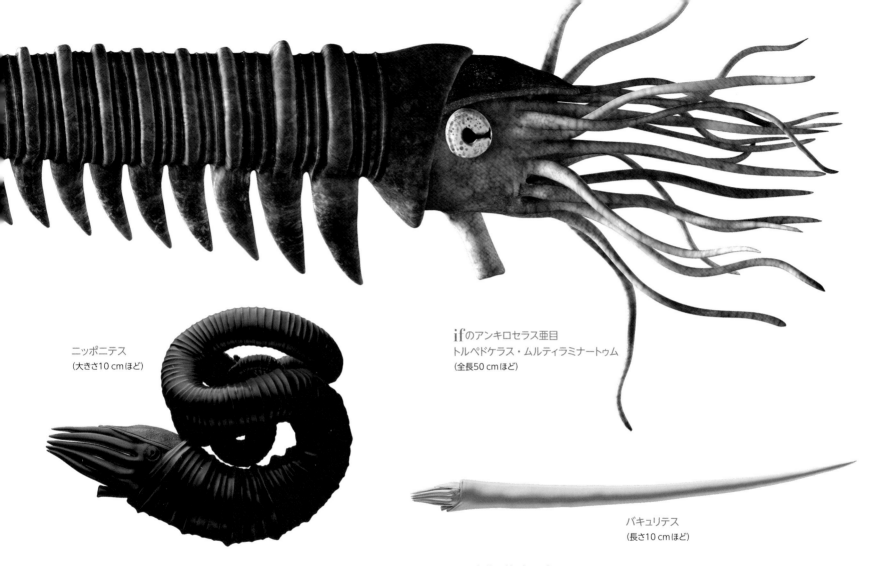

ニッポニテス
（大きさ10 cmほど）

ifのアンキロセラス亜目
トルペドケラス・ムルティラミナートゥム
（全長50 cmほど）

バキュリテス
（長さ10 cmほど）

最後まで生き残ったグループだけれども、"史実"
においては約6600万年前の白亜紀末に姿を消し
た。その理由はよくわかっていない。
　ここで創造したトルペドケラスは、アンモナイト目、

とくにアンキロセラス亜目の系譜が絶滅せず、そ
のまま巻きがほぐれたものとして進化した可能性
の一端を探ったものだ。

テリジノサウルス上科

植物食性を追求したことで、獣脚類とは思えないでっぷりお腹が
キュートなテリジノサウルス上科。もしも彼らが絶滅しなければ、
どこまで植物食性を極めたのだろうか?

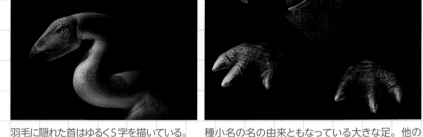

羽毛に隠れた首はゆるくS字を描いている。

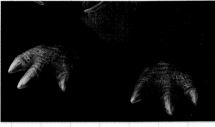

種小名の名の由来ともなっている大きな足。他の
恐竜類には見ることはできない踵をつけた蹠行性。

正面　　　　　　　　　側面

DATA FILE

学名

ノトゥロサスクワッチ・マクロプス
Nothrosasquatch macropus

分類
恐竜類 竜盤類 獣脚類 テリジノサウルス上科

近縁種
テリジノサウルス ケロニフォルミス
Therizinosaurus cheloniformis

語源
Nothrosasquatch：怠けたサスクワッチ
　　　　　　　　　　（ビッグフット）
macropus：大きな足

大きな胴体の内部
には、長い腸が収
まっている。

Nothrosasquatch
macropus

ノトゥロサスクウォッチ・マクロプス

ifのSTORY

まるで、その場所だけ時間が鈍化しているようだ。

樹木に抱きつくように直立し、長い腕を伸ばして枝を手繰り寄せ、新緑の柔らかい葉を吻部に引き寄せている。

まず、その匂いを嗅ぎ、そして、満足するように鼻息を吹き出すと、ゆっくりと口を開け、葉を食べる。

一連の動作にかかった時間は数分間。
ノトゥロサスクワッチの食事風景である。

春風の気持ち良い季節。

樹々には新たな葉が増え、その葉を食べるために多くの植物食動物が森林にやってくる。もちろん、そうした植物食動物を狙う肉食動物も出現するが……ノトゥロサスクワッチほどの大型種となると、肉食動物にもそれなりにリスクを伴う。長い爪も、襲う側にとっては怖い武器だ。そのため、通常、肉食動物たちはノトゥロサスクワッチを狩りの獲物としない。

ノトゥロサスクワッチ自身もそのことをよく承知しており、周囲を警戒するそぶりさえ見せず、ただ一頭でもくもくと食事を続ける。

たっぷり十数秒かけて、ノトゥロサスクワッチが首を伸ばしていく。

その首は、普段は羽毛に隠れていてよくわからないが、実はかなりの長さがある。気がつけば、身長は当初の1.2倍超に高くなっていた。

そうして伸ばした首の先にある新芽を首ごと捻り取るように食べる。口だけを寄せると枝が揺れて食べにくいため、枝の根元をしっかりと両手で支えている。

1日の食事量は、数十kgになる。
葉が柔らかいこの季節は、起きている間は食事を続ける。

ただし、食休みなのか、時折、食べるのをやめ、樹木に抱きついたままの姿勢で動きをとめるときがある。

近づいてみると、眼を閉じている。呼吸は規則的だ。

そう、このノトゥロサスクワッチは立ったまま（食事中の姿勢のまま）で眠っているのである。

数十分ほど眠ったのち、ノトゥロサスクワッチはゆっくりと瞼を開けた。

すると、枝葉を再び手繰り寄せ、首を伸ばして食事を続ける。

春の彼らの1日は、この繰り返しだ。

そして、日が暮れると適当な大きなの幹を探し、そこに背中を預けるようにして、本格的に眠るのだ。

形態　通常時の身長は6mほど。首を伸ばした時に、その身長は1.2〜1.5倍ほどに高まる。恐竜類としてはかなり珍しい蹠行性※である。首のまわりに羽毛を発達させており、一見すると長い首をもっているようには見えない。前あしが長く、その先に長い爪をもっていることも大事なポイントの一つ。

生態　植物食性。主として、高所の葉を食べる。とくに若くてやわらかい葉は好物で、樹木に抱きつくようにしながら高所の枝を手繰り寄せ、長い首を使って食べていた。首は必要に応じて伸縮する。その根元にある羽毛は、威嚇時になどには膨らませることができた。基本的には、素早い動作は行わず、緩慢に動く。

※ 蹠行性：
　踵を含む足の裏全面をつけて歩く歩行形態のこと。

テリジノサウルス上科

ファルカリウス
(全長約4 m)

ベイピアオサウルス
(全長約1.8 m)

アラシャサウルス
(全長約4 m)

ノトゥロニクス
(全長約5 m)

進化の系譜

テリジノサウルス上科は、獣脚類という恐竜グループに属している。獣脚類は、肉食恐竜として進化がはじまり、そしてすべての肉食恐竜がこのグループに分類される。

　すべての肉食恐竜が分類されるからといって、獣脚類に属するすべての恐竜が肉食性というわけではない。このグループには、二次的に植物食性へ進化したものもたくさんいた。テリジノサウルス科はそうした"獣脚類だけれども、植物食性"というグループの最たるものの一つだ。

　テリジノサウルス上科に近縁で、より原始的とされるのは、約1億2500万年前のファルカリウス（Falcarius）である。全長4 mほどのこの恐竜は、のちのテリジノサウルス上科の恐竜と比べると小型で、スマートなからだつき。そして、その歯は先端が木の葉のようになっていた。これは、原始的な植物食恐竜と同じである。つまり、この時点ですでに"植物食化"が始まっていた。

　テリジノサウルス上科では、ファルカリウスとほぼ同時代に出現した全長1.8 mほどのベイピアオサウルス（Beipiaosaurus）を原始的な例としてあげることができる。ファルカリウスよりもさらに小型ではあるけれども、その姿はファルカリウスとよく似ていた。

　ベイピアオサウルス以後、テリジノサウルス上科の恐竜たちは大型化し、でっぷりとした体型をもった種が多く出現するようになる。全長4 mほどのアラシャサウルス（Alexasaurs）、全長5 mのノトゥロニクス（Nothronychus）などはそうした進化の過程で出現した。

112

そして、ファルカリウスやベイピアオサウルスよりも4000万年以上ののちに出現したテリジノサウルス（Therizinosaurus）は10 m近い全長をもち、でっぷりとした腹部と長い吻部をもっていた。テリジノサウルスの口には歯はなく、クチバシで木の葉を啄ばんで、丸呑みしていたとみられている。

テリジノサウルスの見た目を、現代風に表現するのであれば、いわゆる「メタボ」のようにみえる。しかしそのでっぷりとした腹部には長い腸などの消化器官が収まっていたとみられている。"メタボ"のように、内臓脂肪が分厚かった、というわけではない。植物は、肉よりも消化に時間がかかる。長い腸は、植物を食べるためにより特化した進化だったと考えられている。

テリジノサウルスの進化の先として創造したノトゥロサスクワッチは、さらに"植物食性能"を突き詰めたもの

である。全長はさしてかわらぬまま、腸などの消化器官がさらに大きく、長くなった結果、"でっぷり感"がさらに増した姿となった。そのでっぷりとした腹部を支えるために、他の恐竜類のように踵をあげた趾行性を放棄し、踵をつく蹠行性とした。

体重は、骨盤に預けられるように姿勢は背筋をまっすぐ垂直にのばした"ゴジラ型"となり、木の葉をうまく啄むために、首の可動域は広めに想定している。どことなく、宮崎駿監督のアニメに出てきそうな、そんな雰囲気の持ち主である。

ifのテリジノサウルス上科
ノトゥロサスクワッチ・マクロプス
（通常時の身長は約6 m）

テリジノサウルス
（全長10 m弱）

アズダルコ上科

長い脚と首が特徴の、翼竜類の生き残り。
彼らが見せた驚きの進化とは!?

上面

足の先端が後方を向く。このような足のつき
方は現生のコウモリなどにみられるものだ。ギャ
ロップ移動が可能。

DATA FILE

学名
マレオダクティルス・ルキフェル
Malleodactylus lucifer

分類
翼竜類 アズダルコ上科

近縁有名種
ケツァルコアトルス・ノースロッピ
Quetzalcoatlus northropi

語源
Malleodactylus：木槌のような指
lucifer：堕天使として知られるルシファー
　　　　　（ルキフェル）にちなむ

側面

正面

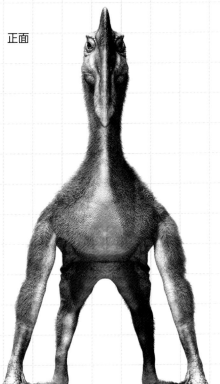

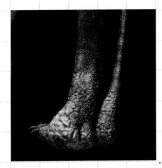

まるで棍棒のように発達した第4
指の中手骨。この骨が、本種に
おける最大の武器となる。

Malleodactylus lucifer

マレオダクティルス・ルキフェル

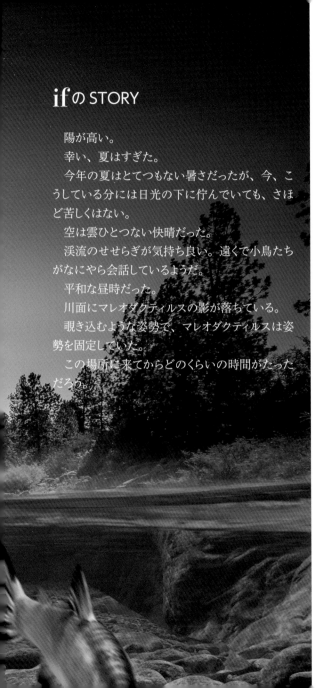

*if*の STORY

陽が高い。

幸い、夏はすぎた。

今年の夏はとてつもない暑さだったが、今、こうしている分には日光の下に佇んでいても、さほど苦しくはない。

空は雲ひとつない快晴だった。

渓流のせせらぎが気持ち良い。遠くで小鳥たちがなにやら会話しているようだ。

平和な昼時だった。

川面にマレオダクティルスの影が落ちている。

覗き込むような姿勢で、マレオダクティルスは姿勢を固定していた。

この場所に来てからどのくらいの時間がたっただろう。

マレオダクティルスのトサカの影が映る水中に、1匹の小魚がやってきた。通りすぎるのではなく、影の中で姿勢を落ち着かせようとしている。

マレオダクティルスは、眼だけを動かして、そのようすを捉えていた。

小魚の動きがしだいにゆっくりとなっていく。

マレオダクティルスは、そっと、長い時間をかけて自分の左腕をもち上げていく。その動きはあまりにゆっくりなので、小魚は、マレオダクティルスに気づかない。

マレオダクティルスの腕には特徴があった。

第四指の中手骨（ちゅうしゅこつ）（いわゆる「手の甲」の骨）と指骨の関節部分に、骨質の"ハンマー"をもっていたのだ。

それは全体的に華奢なマレオダクティルスの中で、唯一といって良い頑丈な部分だった。

小魚の動きが停滞したことを見計らい、マレオダクティルスは手首のスナップを利かし、その骨質のハンマーを一気に水中に叩きこんだ。

吹き上がる水しぶき。

荒れる水面。

数秒ののち、衝撃で気絶した小魚がぷっくりと浮かび上がってきた。

マレオダクティルスは満足そうな表情をみせると、その小魚をくわえ、ポイと真上に放り投げる。そして落ちてきた小魚を頭から丸呑みした。

さあ、次の狩場に移動しよう。

マレオダクティルスは辺りを見回して、近くに天敵がいないことを確認した。自分の狩りが終わり、食事もすんだこの瞬間がいちばん危ない。

祖先とちがって、マレオダクティルスは飛行能力を完全に失っていた。今、この瞬間を、たとえば大型の肉食恐竜などに襲われたとしたら、ひとたまりもない。

どうやら周囲に自分の敵はいないようだ。もうひと狩りくらいできるだろう。マレオダクティルスはヒョコヒョコと歩き出した。

形態 　全長80cmほどの翼竜類（よくりゅうるい）。ただし、「翼」は退化してほとんど存在していない。からだのサイズの割に大きな頭骨は、小さなトサカこそ有するものの、他には目立った特徴はない。口はクチバシになっており、歯はもっていなかった。長い首をつくる頸椎は柔軟性にかけていたことがわかっている。

一般的に、翼竜類の翼は腕の骨と第4指の骨で支えられている。そのため、第1〜3指の骨と比べると第4指が著しく発達する。翼が退化している本種においても、同様に第4指の発達がみられる。本種の大きな特徴として、第4指の中手骨がコブ状になっていることが挙げられる。

また、現生のコウモリのように、後脚は比較的貧弱で、膝は後方を向いている。

生態　翼竜類ではあるが、翼がないために、飛行することはできない。移動は四肢に頼って歩行する。基本的には、いわゆる「よちよち歩き」が主ではあるが、ギャロップ状に飛び跳ねることで、ある程度の速度を出して移動することもできる。

第4指にあるコブ状の骨が最大の武器だ。手首のスナップを効かせてこの骨を獲物に叩き込むことで、獲物に衝撃を与える狩りを行う。そうして、絶命あるいは気絶させた獲物を、歯のないクチバシでくわえて丸呑みにする。主食は魚であるが、ときに果物を食べることもある。

機動力が弱いので、中型以上の捕食者に狩られることが多い。そのため、周囲に対する警戒を怠らず、用心深い性質がある。

進化の系譜　翼竜類は、中生代三畳紀後期に現れた爬虫類のグループだ。中生代を通じて大いに繁栄し、とくに鳥類が本格的に台頭するまでの間、制空権をほぼ独占していた。

翼竜類は、初期のものは比較的小型の種が多い。そして、進化するにつれて大型種が増えていく傾向にあった。

初期の翼竜類の代表的な種として、たとえば、イタリアの三畳紀の地層から化石が見つかっているエウディモルフォドン・ランジイ（*Eudimorphodon ranzii*）を挙げることができる。エウディモルフォドンは翼開長50 cmほどの大きさで、頭部は小さく、口には歯が並んでいた。トサカのような"装飾"はない。また、首は短く、そして尾が長かったとみられている。こうした「頭部は小さく、首は短く、尾が長い」という特徴は初期の翼竜類に共通する特徴といえる。

一方、のちの時代に現れた翼竜類としては、アメリカの白亜紀の地層から化石が見つかっているプテラノドン・ロンギケプス（*Pteranodon longiceps*）が有名だろう。7 mを超える翼開長をもち、頭部は大きく、口には歯がなく、後頭部に大きなトサカを発達させていた。そして、初期の翼竜類たちと比べると首は長く、尾は短い。「頭部は大きく、首は長く、尾が短い」は、"進化型"の翼竜類に共通するものだ。

こうした特徴をつなぐ翼竜類として、ダーウィノプテルス・モデュラリス（*Darwinopterus modularis*）も報告されている。中国のジュラ紀の地層から見つかったこの翼竜類は、翼開長90 cmほどで、頭部が大きく、しかし口には歯が並び、首は長く、そして、尾も長かった。初期のタイプと進化型の両方の特徴をもっていたのだ。

翼竜類

エウディモルフォドン・ランジイ
(翼開長50 cm)

ダーウィノプテルス・モデュラリス
(翼開長90 cm)

プテラノドン・ロンギケプス
(翼開長7 m)

アズダルコ上科
ケツァルコアトルス・ノースロッピ
(翼開長10 m)

ifのアズダルコ上科
マレオダクティルス・ルキフェル
(全長80 cm)

　さて、白亜紀後期になると「アズダルコ上科」と呼ばれる進化型のグループが登場するようになり、その化石は世界各地の地層から見つかるようになる。このグループは、アメリカから化石が見つかっているケツァルコアトルス・ノースロッピ（*Quetzalcoatlus northropi*）に代表される。

　ケツァルコアトルスの翼開長は、10 mかあるいはそれ以上だったと推測されている。現代のセスナ機並みの大きさをもつ超大型種だ。頭部は細く長くのび、その長さは胴部の3倍を超えていた。かなりの頭でっかちである。そして上顎、下顎ともに歯はない。トサカはあるものの小さなものだ。そして進化型の翼竜類の類に漏れず、長い首と小さな尾を特徴としている。

　翼開長10 mもの巨体が空を飛べたのかどうかについては議論があり、地上を歩行する生活が主体だったのではないか、という指摘も根強い。翼開長10 mの翼竜類を歩行させると、その身長は現在のキリンに匹敵することになり、小型の恐竜類を狩ることは可能だったとみられている。

　アズダルコ上科には、ケツァルコアトルスだけではなく、同様の超大型種が属している。もっとも、このグループに属する翼竜類のすべてが巨体であるというわけではない。カナダに分布する白亜紀後期の地層からは、翼開長1.5 mほどと推測されるアズダルコ上科の小型種の化石も報告されている。

　大型種だけではなく、小型種も地上で暮らすようになったら、どのような種が生まれただろうか？もしも、白亜紀末の大量絶滅事件が発生しなかったら、翼竜類にはどのような可能性があっただろう？マレオダクティルスは、そうしたifに対して創造した翼竜類である。

ケラトプス類

ツノとフリルが特徴の植物食恐竜。
白亜期末の大絶滅が起きなかったら!?

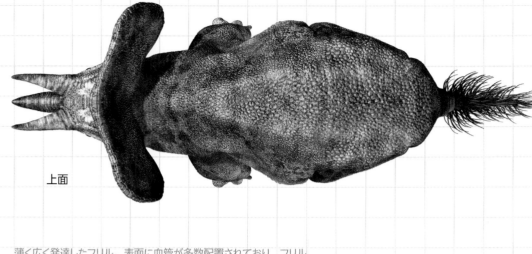

上面

DATA FILE

学名
アナティリュンクス・ヘルビセクトル
Anatirhynchus herbisector

分類
恐竜類 鳥盤類 ケラトプス類 ケラトプス科

近縁有名種
トリケラトプス・プロルスス
Triceratops prorsus

語源
Anatirhynchus：
　　カモのようなクチバシ
herbisector：
　　芝刈り機

薄く広く発達したフリル。表面に血管が多数配置されており、フリル
を首から離せば、首の後ろに風の通る空間を確保して体温を冷ます
ことができた。また、フリルを後ろに倒して首にぴったりとつければ、
放熱を避けつつ体温を温めることができた。

幅広く発達したクチバシ。
歯列も発達し、あごも広
くなっている。下草を食
べることにむいている。
側頭筋も発達し、力強く
あごを閉じて咀嚼するこ
とが可能だった。

正面

側面

Anatirhynchus herbisector

アナティリュンクス・ヘルビセクトル

ifのSTORY

中生代までは、ほとんど存在しなかった景色。

新生代から本格的に見ることができるようになった光景。

それは、どこまでもどこまでも、地平線まで広がる「草原」だ。

草原をつくるのは、被子植物の中でもイネ科に属する植物たち。イネ科植物は、地球の気候が寒冷化、乾燥化した際にいっきにその分布を広げ、大繁茂するようになった。

現代風に表現すれば、それは「牧歌的」といえるかもしれない。

平和そのもので、ウシやウマの放牧が似合う。

しかし今、この草原にいるのは、ウシでなければ、ウマでもない。ゆっくりと草を食むこの動物たちの名前は、「アナティリュンクス」という。中生代末期に栄えたトリケラトプスなどケラトプス類の末裔だ。

広い草原に散らばって、思い思いに草を食む。どのアナティリュンクスも食事に夢中で、顔は下を向いたまま。時折、尻尾が左右に揺れる。

かつてのケラトプス類は、主に植物の枝葉を食べていた。しかし、アナティリュンクスの広い口先は、下草を根こそぎ食べることを可能にした。

幅の広い口先は、かつて植物食恐竜としてライバルだったハドロサウルス科を彷彿とさせる。「カモノハシ竜」（鴨のクチバシ竜）と呼ばれるほど幅広の口先をもっていた彼らが姿を消してからずいぶんと長い年月が経過した。今、草原でアナティリュンクスと競合する植物食恐竜は存在しない。

やがて陽が傾き、そして、暮れていく。

気がついたら、アナティリュンクスが1頭、また1頭と姿を消していた。アナティリュンクスたちが、いったいどこで夜をすごしているのかは、実はよくわかっていない。

東の空が明るくなるころ、どこからともなくアナティリュンクスがやってきて、また草原で食事を始める。そして、食休みなのか、適当なタイミングでゆっくりと休む。 そののち、また食べる。

そうしたサイクルで、1日がすぎていく。

形態 全長10mの大型植物食恐竜。一般に「ツノリュウ」と呼ばれる恐竜の中の一つ。大きなフリルが特徴。クチバシを始め、あごやフリルが発達した結果、頭部がかなり重くなっている。そのため、基本的な姿勢は口を下げて、常に下を向けたものとなっている。

頭部が大型化した結果として、その頭部を支えるために首も前肢も太く発達した。

「アナティリュンクス」という属名は、もちろんそ

のクチバシの形状にちなむ。

生態 新生代になってから繁茂するようになったイネ科の草本類を食べることに適応したケラトプス類の中でも大型化したケラトプス科である。イネ科の草本類は、「プラントオパール」と呼ばれる生体鉱物をもっているため、硬い。アナティリュンクス・ヘルビセクトルは、その硬い草本類を食べることに特化している。基本的に日中は口を下げっぱなして、種小名であるヘルビセクトル（芝刈り機という意味）が示すように草本類を食べ続ける。フリルを利用することで、他の爬虫類よりも気温の変化への適応が高く、長時間の活動が可能となっている。

進化の系譜 ケラトプス類は、一般には「ツノリュウ」と呼ばれることが多いグループ。その代表種として知られるのは、トリケラトプス・プロルスス（*Triceratops prorsus*）だ。全長8m。3本のツノと、大きなフリルが特徴の植物食恐竜である。口先にはクチバシ、口内には「デンタルバッテリー」と呼ばれる、次から次に小さな歯が供給されるシステムを有し、植物を咀嚼することに特化していた。

時を遡ろう。

そもそも、ケラトプス類の歴史は、ジュラ紀後

ケラトプス類

インロン・ドウンシ
(全長2 m弱)

プシッタコサウルス・モンゴリエンシス
(全長2 m弱)

カスモサウルス・ベリ
(全長4.5 m)

ケントロサウルス亜科
ケントロサウルス・アペルトゥス
(全長6 m)

カスモサウルス亜科
トリケラトプス・ホリドゥス
(全長7.3 m)

カスモサウルス亜科
トリケラトプス・プロルスス
(全長8 m)

ifのケラトプス類
アナティリュンクス・ヘルビセクトル
(全長10ｍ)

期の中国に生息していたインロン・ドウンシ（*Yinlong downsi*）や、白亜紀前期のシベリアやモンゴル、中国に生息していたプシッタコサウルス・モンゴリエンシス（*Psittacosaurus mongoliensis*）などから始まったとされる。両種は全長2ｍに満たない小型種で、のちのケラトプス類と異なりフリルはまだかなり小さく、ツノもない。

　その後、白亜紀の後期になるとプロトケラトプス・アンドリューシ（*Protoceratops andrewsi*）のように四足歩行型が出現した。プロトケラトプス・

アンドリューシは全長2.5ｍほどで、インロンなどと比べると一回り大きい。フリルは多少発達しているものの、トリケラトプスなどのちのケラトプス類と比べるとまだ小さく、何よりもツノがなかった。

　そして、この頃から、ケラトプス類は北アメリカへと渡り、大型化の道を突き進んでいくことになる。白亜紀後期のカナダとアメリカに出現したカスモサウルス・ベリ（*Chasmosaurus belli*）は、4.5ｍの全長があり、大きなフリルを発達させていた。カスモサウルスの仲間は、フリルの周りを

装飾しないかわりに、フリル本体を幅広く、長く発達させて、目立つように進化していた。一方で、鼻先にははっきりとしたツノがある。この途上で、ケラトプス類は、カスモサウルスの仲間たちの系譜と、鼻先に著しく発達したツノをもつケントロサウルス・アペルトゥス（*Centrosaurus apertus*）を中心とする仲間たちの系譜に分化した。ケントロサウルスの系譜は、元は立派な三本ヅノがあったが、しだいに鼻上のツノを伸ばす、あるいはそれをコブにする種が進化していった。またフリルの縁をトゲで派手に装飾したものが多い。

　トリケラトプスは、カスモサウルス亜科の系譜に出現した。トリケラトプス自身には、トリケラトプス・ホリドゥス（*Triceratops horridus*）という種とトリケラトプス・プロルススが存在する。両種は祖先・子孫の関係にあるとされ、ホリドゥスが祖先種にあたり、プロルススは進化型にあたるとみられている。この両種を比較すると、鼻先のツノが進化によって長くなったとされる。

　ケラトプス類の進化の系譜をみると「大型化」で特徴づけられる。全長もフリルもトゲも、基本的に進化するにつれて大きくなっていった。そして、とくに草本類を食べることへの特化だ。植物を効率よく食べることへと進化してきた。

　もしも、白亜紀末の大量絶滅事件が発生しなかったら、ケラトプス類にはどのような種が生まれただろうか。新生代に入ってから、地球の植生はイネ科が優勢になる。そのイネ科の草原に適応したものとして創造した恐竜が、アナティリュンクス・ヘルビセクトルである。

ティラノサウルス上科

肉食動物としての頂点を極めた、誰もが知る超人気グループ。
もしも白亜期末に絶滅しなかったら……、意外な姿に進化した!?

上面

前後にバランスをとるように短くなった首。

側面

顎を閉じる
筋肉はかなり強力。

DATA FILE

学名
メガピュービス・アケイルス
Megapubis acheirus

分類
恐竜類 竜盤類 獣脚類 ティラノサウルス上科

近縁種
ティラノサウルス・レックス
Tyrannosaurus rex

学名の語源
Megapubis：巨大な恥骨
acheirus：手がない

恥骨が長く頑丈になる
傾向も確認でき、姿と
しては進化を重ねるほ
どに「でっぷりとした」
印象を与えることに一
役買っていた。

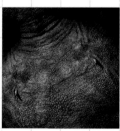

前肢は縮小化の傾向をみ
せ、ティラノサウルス・レッ
クスの時点で、何の役にたっ
ていたのかわからないほど
小さく、弱々しくなっている。

体重を支えるための太い柱
のような足。

腐肉食にも
適応した
太い歯。

正面

Megapubis acheirus

メガピュービス・アケイルス

ifのSTORY

鬱蒼としげる森の中に、モクレンのさわやかなかおりがそっと広がる。

樹木の密度がとりわけ高い場所で恥骨を接地させ、身を潜めながら、メガプービスは大きな鼻をひくつかせた。彼の敏感な嗅覚は、柑橘系のかおりの中にある大型植物恐竜のにおいをとらえている。同種の恐竜が全部で5頭。群れを組んで歩いてくる。その匂いの中には、血のかおりも混ざっていた。少なくとも1頭は何か怪我をしているらしい。

獲物の接近を確信し、彼は眼を閉じた。嗅覚と聴覚を研ぎすます。

待つのには慣れている。彼の狩りは、もっぱら待ち伏せ型だ。

経験から獲物の通り道にアタリをつけ、その付近にそっと身を潜める。長い時には数日以上も同じ場所で動かない。そうして獲物がすぐそばまでやってくるのを待つのだ。

やがて、軽い地響きとともに、樹木の向こう側を5頭の獲物がゆっくりと通過していく。

獲物の大きさは大小さまざま。尾をピンとはりながら、手足をついて四足で歩いている。血の匂いが強くなった。どうやら最後尾の1頭が何か怪我を負っているようだ。

その最後尾の1頭が樹木の向こうを通過しようとしたその瞬間、彼は眼を見開くと、後肢のバネを使って恥骨を支点として前へと重心を移動する。そして、その勢いのまま、最後尾の獲物に襲いかかった。

彼は、恐竜界一と呼ばれる大きな顎門を開くと、不運なその個体の頭にかぶりつく。

グシャッ！

鈍い音とともに、植物食恐竜の頭が骨ごと潰された。

一呼吸ですべてが行われた。

群れをつくっていた仲間たちは、彼に狙われた仲間を振り返ることなく、一目散に森の中へと散っていく。

彼も逃げる仲間たちを追うことはしない。

顎を開くと、原型を失った頭が完全に崩れた植物食恐竜が彼の足音にズシンと落ちる。彼は咀嚼して、頭部を骨ごと飲み込んだ。そして、ゆっくりとその腹部にまわりこみ、久しぶりに昼食を始めた。

形態 　全長15mに達する巨大な肉食恐竜。高さ、長さ、幅とも恐竜類随一の頭骨が特徴。口には、厚みのある巨大な歯が並ぶ。重い頭部を支えるために、首は極端に短く、頚椎は癒合している。そのため、首から先だけを左右に振ることはできない。やたらと重い頭部とのバランスをとるために、尾が後方にかなり長く伸びている。

前肢は上腕骨だけで、いわゆる「前腕」に相当するものはなくなっている。これが種小名の由来だ。後肢は、その自重を支えるために柱のような形状をしており、底には"パッド"もある。骨盤の一部を形成する恥骨が大きいことも特徴の一つで、それが属名の由来となっている。

生態 　待ち伏せ型のハンティングを得意とする。森林の中で身を伏せて、優れた嗅覚で獲物の接近を感知する。近距離まで獲物が接近したら、その頭部めがけて倒れこむように襲い掛かり、首をまるごと飲み込んで瞬時に粉砕する。そののち、ゆっくりと胴体等を食する。

瞬発力には長けるものの、持久力がほとんどなく、一瞬以上の加速もできない。そのため、獲物に逃げられたら、追いかけることをしない。そのかわり、捕らえることができた獲物は、肉や内臓だけではなく骨まで綺麗にペロリと平らげる。しばしば他の肉食恐竜が仕留めた獲物を横取りし、骨ごと獲物を噛み砕くことができるそのスペックで、悠然と食事を行う。

1年のほとんどを単独ですごし、他の個体と群れをつくることはない。

ティラノサウルス上科

リュトロナクス・アルゲステース
(全長8 m)

ティラノサウルス・レックス
(全長12 m)

クアンロン・ウカイイ
(全長3.5 m)

ifのティラノサウルス上科
メガピュービス・アケイルス
(全長15 m)

進化の系譜
ティラノサウルス上科は、その代表種としてティラノサウルス・レックス（Tyrannosaurus rex）が有名だ。その化石は、カナダとアメリカの西部の白亜紀末期の地層から見つかっている。全長12m。肉食恐竜における「最長」ではないにしろ、「最長級」として知られている。大きな頭部、小さな前肢と2本しかない指が特徴だ。

ティラノサウルス・レックスの頭部には、削られていない鰹節のような太くて丈夫な歯が並び、あごは幅広でがっしりとしていた。その噛む力は、恐竜類のみならず、古今東西の陸上肉食動物において他に比べるものがないほど強力だったことが指摘されている。また、脳構造を分析した研究によって、嗅球が大きいことが明らかにされている。このことから、優れた嗅覚をもっていたとされる。

こうしたさまざまな特徴が、ティラノサウルス・レックスが優秀な肉食恐竜だったことを物語っており、そのため、ティラノサウルス・レックスのことを「超肉食恐竜」ということもある。

このティラノサウルス・レックスが所属するグループを「ティラノサウルス上科」と呼ぶ。グループの代表種であるティラノサウルス・レックス以外にも20を超える近縁種がここに属している。

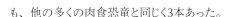

ティラノサウルス上科の中で初期の代表種として知られるのは、クアンロン・ウカイイ（Guanlong wocaii）だ。中国北西部、新疆ウイグル自治区のジュラ紀の地層から化石が見つかっている。ティラノサウルス・レックスが生きていた時期よりも8000万年ほど古い時代の恐竜だった。

クアンロン・ウカイイの全長は3.5mほどしかない。歯や吻部（ふんぶ）などのつくりは、他のティラノサウルス類と共通する。その一方で、全身にみる頭部の大きさはとくに言及するほどのサイズではなく、前肢もとくに短いわけではない。指の本数

も、他の多くの肉食恐竜と同じく3本あった。

ティラノサウルス上科の歴史はこうした小型種から始まり、しだいに大型化の道を歩んでいくことになる。

ティラノサウルス上科の歴史を追いかけてみると、一つの転換点ともいえる種がいた。アメリカのユタ州にある白亜紀後期の地層から化石が発見されたリュトロナクス・アルゲステース（Lythronax argestes）である。クアンロン・ウカイイの時期からは7000万年ほど経過しており、ティラノサウルス・レックスよりも1000万年以上古い。

リュトロナクス・アルゲステースは部分的な化石しか発見されていないけれども、その全長は8mほどであったのではないか、とされる。ティラノサウルス・レックスと比べるとまだまだ小型だ。しかし、頭部は幅広でがっしりとしており、ティラノサウルス・レックスと似た特徴をもっていた。リュトロナクス・アルゲステース以降、ティラノサウルス上科にはがっしりとした大きな頭部をもつものが増えていく。そしてやがて、ティラノサウルス・レックスの誕生となるのだ。

ティラノサウルス上科の進化の系譜を見ると、大きな傾向としては「大型化」が確認できる。と

くに頭部は大きくなり、顎の破壊力は増していった。一方で、前肢は縮小化の傾向をみせ、ティラノサウルス・レックスの時点で、何の役にたっていたのかわからないほど小さく、弱々しくなっている。また、恥骨が長く頑丈になる傾向も確認でき、姿としては進化を重ねるほどに「でっぷりとした」印象を与えることに一役買っていた。

もしも、白亜紀末の大量絶滅事件が発生しなかったら、ティラノサウルス上科にはどのような種が生まれたのだろうか？　このifに際して、こうしたトレンドを踏まえて創造した恐竜が、メガピュービス・アケイルスだ。

モササウルス上科

海洋生物界の頂点に君臨した覇者。
その繁栄は、どの世界にまで及ぶのか!?

上面

側面

正面

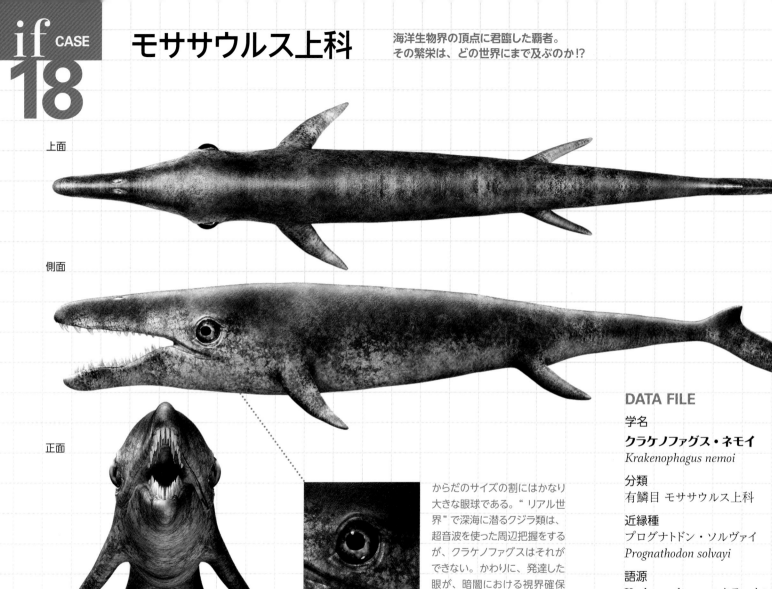

からだのサイズの割にはかなり
大きな眼球である。" リアル世
界" で深海に潜るクジラ類は、
超音波を使った周辺把握をする
が、クラケノファグスはそれが
できない。かわりに、発達した
眼が、暗闇における視界確保
に役立っている。

DATA FILE

学名

クラケノファグス・ネモイ
Krakenophagus nemoi

分類
有鱗目 モササウルス上科

近縁種
プログナトドン・ソルヴァイ
Prognathodon solvayi

語源
Krakenophagus：クラーケンを捕食するもの
nemoi：『海底二万里』(著：ジュール・ヴェルヌ)
　　　　の潜水艦ノーチラス号の船長「ネモ」
　　　　にちなむ

Krakenophagus nemoi

クラケノファグス・ネモイ

if の STORY

巨大な"潜水体"が深海をさらなる深みへと進む。クジラか?

いや、クジラにしてはどこかがおかしい。

漆黒の水中で、ギラリと見える眼がやたらと大きい。クジラの眼はここまで大きくない。また、クジラの尾ビレが水平だったことに対して、この動物は魚と同じ垂直型だ。

この動物の名前を「クラケノファグス」という。「クラーケンを喰らうもの」という意味だ。クラーケンは、海の怪異の一つ。とくにヨーロッパで古来より知られる。伝説上の存在とされ、その姿は巨大なイカやタコのように描かれることが多い。

そんな「クラーケンを喰らう」である。命名した研究者の驚愕が伝わってきそうだ。

クラケノファグスの視線の先に、数本の触手が見えた。

もちろんクラーケンのそれではない。

どうやら巨大なイカが泳いでいるようだ。今日の彼の獲物である。

おそらくもう少し泳げば、巨大イカに追いつくことができる。クラケノファグスは、自分の心が躍り出す音を聞いた。実は数日ぶりの食事なのだ。

この時代、クラケノファグスの仲間たちは、世界中のあらゆるところで栄えている。クラケノファグスのように、巨体をもって海洋世界の最上位に君臨するものもいれば、比較的浅い水深を泳ぐもの、河川などの淡水環境で栄えるもの、そして、陸上世界に進出したものもいる。

彼らは今、言うならば、「わが世の春」を謳歌していた。

彼らのグループの名を「モササウルス上科」という。

形態 全長 20m ほどの大型種。全身に対する頭部の割合が大きい。大きな眼と狭い吻部を特徴とする。全身の形状は流線型。

生態 深海性。その生態は、現生のマッコウクジラに似るが、マッコウクジラとはちがって「メロン」(超音波発生に関わる器官)をもたないため、エコロケーションをしない。深海における行動は、眼に頼っていたとみられている。

吻部(ふんぶ)が狭く、吸引摂食に向いていた。主な獲物として、大型の頭足類などを狩っていたとみられる。

進化の系譜 俗に「魚竜類(ぎょりゅうるい)」「プレシオサウルス類(クビナガリュウ類)」「モササウルス類」の3グループを「中生代の三大海棲爬虫類」と呼ぶ。

魚竜類はイルカのような姿をしており、中生代三畳紀の早い段階で出現し、その命脈を白亜紀の半ばまで保った。

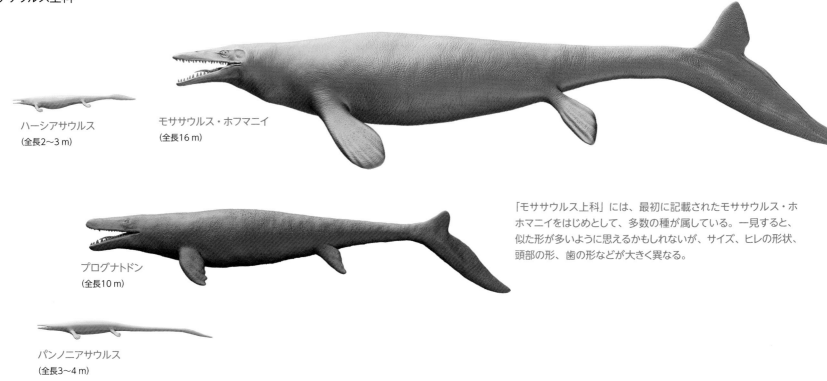

ハーシアサウルス
（全長2〜3 m）

モササウルス・ホフマニイ
（全長16 m）

プログナトドン
（全長10 m）

パンノニアサウルス
（全長3〜4 m）

「モササウルス上科」には、最初に記載されたモササウルス・ホフマニイをはじめとして、多数の種が属している。一見すると、似た形が多いように思えるかもしれないが、サイズ、ヒレの形状、頭部の形、歯の形などが大きく異なる。

　プレシオサウルス類は、日本では「フタバスズキリュウ」の通称で知られるフタバサウルス・スズキイ（Futabasaurus suzukii）がよく知られる。いずれも樽を潰したような胴体をもち、ヒレの四肢をもっていた。尾は短い。プレシオサウルス類は三畳紀末に登場し、白亜紀末の大量絶滅事件で滅んだ。

　そして、モササウルス類（上科）である。モササウルス上科は、白亜紀の半ばに登場した。中生代の三大海棲爬虫類の中では、最も"後発"だ。しかし、瞬く間に多様化し、一部の種は海洋生態系の頂点に君臨した。そして"君臨した状態"で、白亜紀末の大量絶滅事件を迎え、滅んでいる。その姿は、とくに進化の進んだ種では「四肢をヒレに変え、そして尾ビレをつけたオオトカゲ」という風貌をしている。

　これまでに知られている限り最も古いモササウルス上科は、イスラエルにある約1億年前の地層から化石が発見され、ハーシアサウルス（Haasiasaurus）と名付けられている。明らかに肉食性とわかる鋭い歯をそなえ、細長い胴体の先には尾ビレは未発達で、四肢もヒレではなく、指があった。全長は2〜3mほどと"小柄"だった。

　その後、モササウルス上科にはより大きなからだをもつものがしだいに増え、また生態的にも多様な種が目立つようになっていく。

　アメリカやヨーロッパなどから化石が見つかる

if のモササウルス上科
クラケノファグス・ネモイ
（全長20 m）

プログナトドン（*Prognathodon*）は、そうした大型化の中で出現したモササウルス上科だ。全長10 mほどと、モササウルス上科としては中型種にあたる。がっしりとした顎と歯が特徴で、大小の魚、ウミガメ、頭足類を食べていたとみられている。

今回、創造したクラケノファグスは、こうした中型のモササウルス上科をもとに、さらに「深海性のモササウルス上科」が進化した場合を想定したものだ。モササウルス上科は16 m級のモササウルス・ホフマニイ（*Mosasaurus hoffmanni*）のような大型種も実際に出現しており、その大型種を上回る、いわば「超大型種」が出現する可能性にせまったものである。白亜紀末に絶滅するまで、モササウルス類はさまざまな海洋生態系へ

進出しており、そこに「深海」が加わった場合を描いた。

クラケノファグスが海洋における大型化と多様化の可能性の象徴であるとすれば、海洋外における可能性の象徴として創造した種類が次ページで紹介するリミナタートルとウァスティタナタートルである。こちらの2種は、ともにパンノニアサウルス（*Pannoniasaurus*）がさらに進化した先を考察した。

パンノニアサウルスは、ハンガリーから化石が見つかっている。発見されている最大個体こそ全長6 mと中型であるものの、多くの個体は全長3～4 mでハーシアサウルスより少し大きな程度だ。

パンノニアサウルスは、さまざまな成長段階の化石が見つかっている。特筆すべきは、そのす

べてが淡水でできた地層に含まれていたということだ。すなわち、パンノニアサウルスは、その一生を河川で暮らすモササウルス上科であった。現在のところ、海洋で暮らすモササウルス上科が河川に進出・進化したものとみられている。

河川に進出すれば、その先にある可能性は"上陸"だ。その場合として、半水半陸環境に適した種類としてリミナタートルを、完全な内陸適応種としてウァスティタナタートルをそれぞれ創造した。それぞれモデルとしてハイギョやヘビを参考にした。

白亜紀末の大量絶滅事件が起きる、その"前夜"のモササウルス上科の繁栄ぶりを考えれば、大量絶滅事件が起きなかった場合にはいろいろな適応が考えられるだろう。

Liminatator dormiens

リミナタートル・ドルミエーンス

陸上世界にも進出したモササウルス上科。その中から、乾季には地中にもぐって夏眠するリミナタートルと、地中で暮らすウァスティタナタートルを紹介しよう。

DATA FILE

学名

リミナタートル・ドルミエーンス
Liminatator dormiens

分類
有鱗目 モササウルス上科

近縁種
パンノニアサウルス・イネスペクタトゥス
Pannoniasaurus inexpectatus

語源
Liminatator：泥の中を泳ぐもの
dormiens：眠るもの

形態 全長1mのほどの小型種。尾ビレが発達している。からだの形は扁平で、現生のハイギョを思い起こさせる。眼には瞬膜（まぶたとは別に眼を保護する膜）をもっていた。

生態 半水半陸性。乾季になると地中で「夏眠」を行うことができた。

瞬膜をもつ。まぶたが上下方向に眼球を保護することに対して、瞬膜はまぶたの下で左右方向に眼球を保護する。半透明で、視界をあまり遮らないことが特徴。地中で眼を保護する役割があった。ウァスティタナタートルにも瞬膜はある。

上面

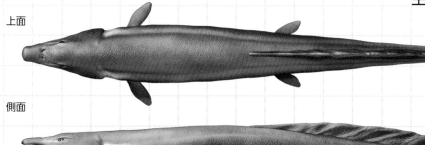

側面

正面

Vastitanatator boides

ウァスティタナタトール・ボイデス

DATA FILE

学名
ウァスティタナタトール・ボイデス
Vastitanatator boides

分類
有鱗目 モササウルス上科

近縁種
パンノニアサウルス・イネスペクタトゥス
Pannoniasaurus inexpectatus

語源
Vastitanatator：砂漠を泳ぐもの
boides：ボアに似る

形態　全長 1m のほどの小型種。四肢が消失している。眼には瞬膜（まぶたとは別に眼を保護する膜）をもっていた。

生態　完全に陸棲適応した。地中に穴を掘って生活することができた。

上面

側面

正面

CHAPTER Ⅲ
新生代のif

新生代正史

約6600万年前、一つの巨大隕石が落下し、中生代は終わった。そして、新生代が始まった。

新生代は、古い方から順に古第三紀、新第三紀、第四紀という三つの「代」に分かれている。それぞれの時代の境界は、約2300万年前と約258万年前だ。

古第三紀はさらに約5600万年前と約3390万年前を境に暁新世、始新世、漸新世の三つの世に分かれる。新第三紀は約533万年前を境に中新世、鮮新世に、第四紀は約1万年前を境に更新世と完新世に分かれている。

鳥類の新グループとして、ペンギンの仲間が出現したのは暁新世だ。彼らには、始新世から漸新世にかけて多くの大型種がいた。その後、そうした大型種は姿を消すものの、命脈は現代まで残る。

哺乳類は、新生代において世界の主役となった。始新世に繁栄した食肉類の祖先から、イヌ科やネコ科、そして鰭脚類などがそれぞ

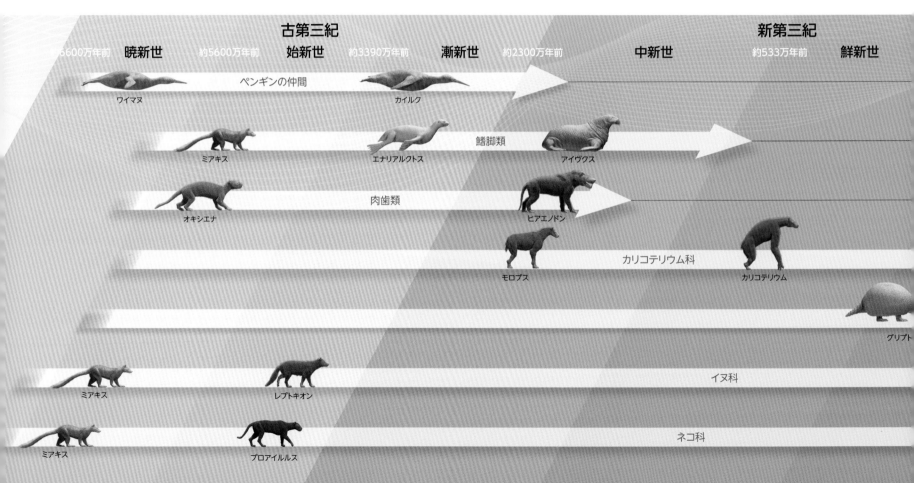

古第三紀

暁新世　約5600万年前　始新世　約3390万年前　漸新世　約2300万年前

新第三紀

中新世　約533万年前　鮮新世

ペンギンの仲間
ワイマヌ
カイルク

鰭脚類
ミアキス
エナリアルクトス
アイヴクス

肉歯類
オキシエナ
ヒアエノドン

カリコテリウム科
モロプス
カリコテリウム

グリプト

イヌ科
ミアキス
レプトキオン

ネコ科
ミアキス
プロアイルルス

れ進化し、繁栄を築き、現代に至る。とくにイヌ科とネコ科には、イエイヌとイエネコ が出現し、人類の良き友、良き家族としての地位を確立した。

　一方で、この6600万年間に姿を消したグループも少なくない。始新世に繁栄した肉歯類（にくしるい）は、中新世に姿を消した。また、同じく始新世に現れたカリコテリウム科やグリプトドン科は、更新世に滅んでいる。

　更新世末は、大型哺乳類の大規模絶滅で知られている。絶滅の原因は環境の変化であるとも、人類の本格的な台頭であるともされているが、よくわかっていない。

ifの生物たち

新生代の古生物に用意したifの世界線は、「特定の分類群が出現しなかったら」というケースと、「絶滅したグループが、滅びなかったとしたら」というケースだ。そして、"私たちの友"であるイヌとネコに関しては、その未来の可能性をのぞいてみた。

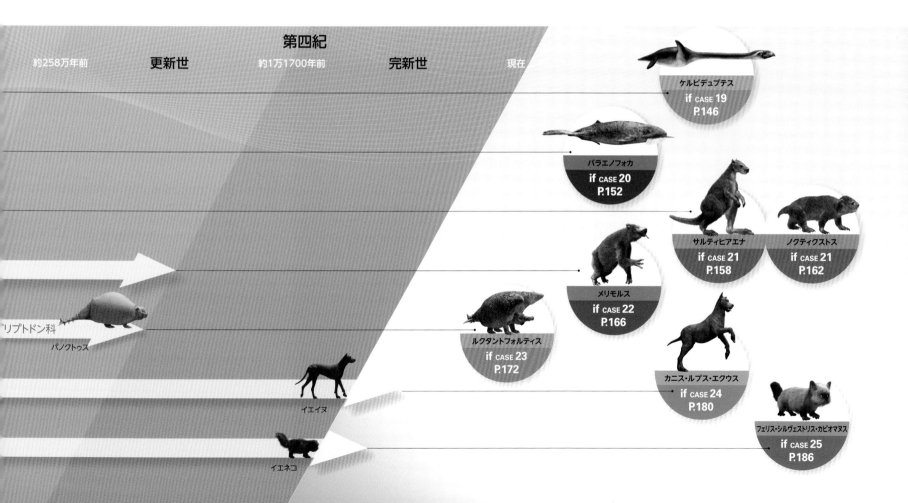

第四紀

約258万年前　更新世　約1万1700年前　完新世　現在

ケルビデュプテス
if CASE 19　P.146

バラエノフォカ
if CASE 20　P.152

サルティヒアエナ
if CASE 21　P.158

ノクティクストス
if CASE 21　P.162

メリモルス
if CASE 22　P.166

ルクタントフォルティス
if CASE 23　P.172

カニス・ルプス・エクウス
if CASE 24　P.180

フェリス・シルヴェストリス・カピオマヌス
if CASE 25　P.186

グリプトドン科
パノクトゥス

イエイヌ

イエネコ

if CASE

19

ペンギンの仲間

もしも遠洋においてクジラ類の台頭がなかったとしたら？
もう一つの答えは、水中を泳ぐ鳥類が持っているかもしれない。

上面

正面

厚めのクチバシは、
噛む力が強い

側面

DATA FILE

学名
ケルビデュプテス・ロンギコリス
Cherubidyptes longicollis

分類
鳥類 スフェニスクス形類（ペンギン類）
スフェニスクス科

あくまでもペンギンの仲
間なので、「ヒレ」ではな
く「翼（フリッパー）」で
ある。

近縁種
スフェニスクス属各種
Spheniscus

語源
Cherubidyptes：潜る智天使（ケルビム）（4枚翼のある天使）
longicollis：長い首

下面

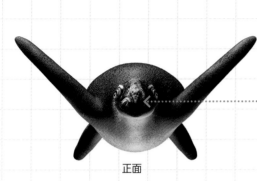

Cherubidyptes longicollis

ケルビデュプテス・ロンギコリス

ifのSTORY

　白銀色のからだを輝かせ、魚たちが口を開け
ながら密集して泳いでいる。
　小魚の群れでも見つけたのか。加速しながらし
だいに弧を描き、円となり、包囲網を狭めていく。
　そして。

　魚の群れが突如として割れた。

　ぬっと伸びた長い首。その先にある頑丈なクチ
バシで、次々と魚を捕らえてながら、群れの中央
を突破していく。
　ケルビデュプテスだ。
　全長は魚の10倍以上はあるだろうか。その全
長の半分くらいを細長い首が占めている。小さな
頭部の先端には太いクチバシがあり、やや大きな
眼はしっかりと獲物の動きを捉えている。
　胴体はやや小太りの印象で、丈夫そうな“胸
ビレ”で水をかく。背中側は黒色で、腹側はやや
白い。

　中央突破後、胸ビレを舵がわりに使って急速ター
ン。
　再び、魚の群れの中央突破をはかる。
　そして、逃げ遅れた魚を捕食する。

　魚たちは拡散し、再び離れた場所で集合をめ
ざす。
　しかしケルビデュプテスはまだ満足していない。

悠然と旋回し、軽く首を動かしてまた群れのに突入する。

10分ほど経過しただろうか。ケルビデュプテスはゆっくりと魚の群れから離れていった。満腹になったのか。呼吸をするためか。

しかし魚たちにとって、安息の時間になったというわけではないようだ。近海を泳いでいた数羽のケルビデュプテスが、水中を飛ぶような速度で接近中だ。丈夫な胸ビレを打ち上げ、打ち下ろし、仲間が先ほどまで狩っていた群れに狙いを定める。

最外周の魚がケルビデュプテスたちの接近を感知した。1羽だけに襲われていたときとはちがう圧倒的な恐怖感。

魚の群れは、今後は早い段階で包囲を解き、散開していく。それでも、魚は次から次へとケルビデュプテスに捕らえられていく。

よく晴れた日。

少なくともケルビデュプテスにとっては、良き日だったようだ。

形態　首が長く伸びたペンギンの仲間。その姿は、かつて海で大繁栄したクビナガリュウ類を彷彿とさせる。全長は14 mに達した。クチバシが短いことは、進化的なペンギンの仲間の特徴の一つでもある。

生態　海洋表層にいるカツオなどの魚を捕食する。小型〜中型の近縁種ほどではな

いにしろ、水中を飛ぶように泳ぐ。ただし、近縁種とはちがって上陸することはできず、水中生活に特化していた。

産卵に際しては、メスがある程度まで育てた卵を、オスの背中（骨盤の両脇）に産み付ける。卵を産み付けられたオスは、基本的に潜ることはせず、海水面に漂う浮き草のように暮らす。孵化まで期間はよくわかっていないが、どうやら短期間ではあるらしい。

胎内に卵を抱えている期間は、メスの動きが鈍く、そのため、オスが周囲を泳いで護衛と採餌の両方を担当する。産卵後から孵化まではこの役割が見事に逆転し、メスが護衛と採餌を担う。

進化の系譜　いわゆる「ペンギンの仲間」にあたるスフェニスクス形類（けいるい）の歴史は、約6100万年前〜約6000万年前に始まる。知られている限り最古のスフェニスクス形類は体高90 cmほどで、その名をワイマヌ（Waimanu）という。

よく知られるペンギンの仲間（たとえば、コウテイペンギンやアデリーペンギン）などと比べると、ワイマヌは首やクチバシが細長く、翼（フリッパー）の幅も細かった。どちらかといえば、ペンギン類というよりも、ウ（鵜）に近い姿をしていた。

ワイマヌの翼は幅が細い一方で、骨がやや厚い。厚くて緻密であり、つまりは、重かった。これは、水中を深く潜る際に有利となる特徴である。すなわち、最古級種であるワイマヌの時点で、すでにペンギンの仲間は水中生活をおくっていた

ペンギンの仲間

スフェニクス形類

ワイマヌ
(体高90 cm)

イカディプテス
(体高150 cm)

カイルク
(体高130 cm)

とみられている。

　現在のペンギンの仲間は南極圏、つまり「寒い地域・海域」を代表する存在だ。しかし初期のペンギンの仲間は、熱帯域の海岸にも暮らしていたことがわかっている。最初から寒い地域だけで暮らしていたわけではないのだ。この温暖な時代で暮らしているうちに、「上腕動脈網」という"熱交換システム"を獲得した。これは、翼の付け根に存在する血管の束で、心臓に戻る前の

スフェニスク亜科

スフェニスクス（マゼランペンギン）
(体高約65 cm)

ifのペンギンの仲間
ケルビデュプテス・ロンギコリス
(全長14 m)

血液を温める役割を果たす。温暖な時代に獲得したこのシステムは、地球の気候が寒冷化しはじめると、ペンギンの仲間が寒冷な地域・海域で暮らす際に大いに役立つことになる。

約3500万年前ごろになると、ペンギンの仲間に大型種が出現しはじめる。たとえば、当時の赤道に近い地域・海域にいたイカディプテス（Icadyptes）だ。その体高は150 cmと、現代日本の小学6年生並みだった。大きな特徴として、ワイマヌよりもさらに細長いクチバシがあり、その長さは23 cmに達していた。しかも、そのクチバシの先端は鋭く尖る。大型ペンギンはイカディプテスだけではなく、たとえば、イカディプテスから約1000万年後には体高130 cmのカイルク（Kairuku）が出現している。

その後、こうした大型のペンギンたちは姿を消していった。

海におけるペンギンたちのライバルに、クジラがいる。とくにイルカのような小型のハクジラは、ペンギンたちと同じ獲物を狙う競合関係にあった。イカディプテスのような大型ペンギンが姿を消した背景には、こうしたクジラの台頭があったのではないか、という指摘もある。

"史実"では、遅くても約1300万年前〜約1100万年前には、スフェニスクス亜科が出現した。

スフェニスクス亜科は、現生のペンギンたち各種が分類されるグループだ。最古のスフェニスクス亜科とされるのはスフェニスクス・ムイゾニ（Speniscus muizoni）。このペンギンは、頭骨の化石が発見されていないため復元図を描くことはできないが、部分化石からの推測によると、その体高は70 cm弱と見積もられている。現生のケープペンギンやマゼランペンギンと同じである。

創造したケルビデュプテスは、「もしもクジラの台頭がなかったとしたら」というifのその先を想定したものである。そのifは、一つには、史実においてはクジラに"邪魔された"大型化が進んだ可能性がある。もう一つは、「胸ビレで泳ぐ」という遊泳スタイルを踏襲し、過去の同スタイルの動物（プレシオサウルス類：いわゆる「クビナガリュウの仲間」）と似た姿に収斂した可能性を探った。つまり、中生代の海で繁栄したプレシオサウルス類との収斂を想定したものだ。

鰭脚類
きゃくるい

大海原を泳ぐクジラ類。彼らがもし遠洋進出をしなかったら?
現在の海には、一風変わった動物が泳いでいるかもしれない。

正面

上面

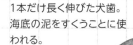

1本だけ長く伸びた犬歯。
海底の泥をすくうことに使
われる。

DATA FILE

学名

バラエノフォカ・プリアプス
Balaenophoca priapus

分類
単弓類 哺乳類 鰭脚類

近縁種
セイウチ
Odobenus rosmarus

語源
Balaenophoca：ヒゲクジラ的な鰭脚類。
priapus：生殖の神であるプリアポス神にちなむ。
　　　　 大きな陰茎に関連して。

側面

泥けむりから眼を
守るまつげ。右眼
の方がやや長く密
集している。

Balaenophoca priapus

バラエノフォカ・プリアプス

if の STORY

ふわぁ。

そんな擬音があいそうな光景だ。

海底の泥が舞う。

その泥の向こうに見えるのは……やたらとまつ毛の長い動物だ。口には硬い質感のヒゲが並んでいる。

口の右先端からは、長くて鋭いものが伸びている。これは牙だ。

よく見ると、この動物は長い牙で海底を軽くすくっている。

その動作のたびに海底の泥が舞う。

そして、その泥に向かって口を寄せる。泥の動きを見ていると、どうやら吸い込んでいるようだ。そしてヒゲで濾し取っている。

海底の表面とその表層に棲む微小な動物たち。それらを食べているのである。

なるほど、この生態であれば、長いまつ毛は理にかなっている。目を保護しているのだろう。よく見ると、右目のまつ毛の方が気持ち分長いのは、長い牙が直下にあることに関係しているのかもしれない。海底の泥をすくうとき、顔の右側の方がより海底に近くなる。すくい上げた泥が直撃するわけだ。

それにしてもこの動物は何だ？

鼻孔は鼻先からは少し離れた高い位置にある。これは顔のすべてを出さなくても呼吸ができるしくみだろう。

からだ全体のフォルムは流線型に近いが、どことなく"どっしり感"がある。からだの表面は鱗ではなく皮膚だ。

後方へまっすぐ伸びたヒレ……いや、これは足か？

ともあれ、この形はどこかで見たことがあるかもしれない。よくみると、大きな突起が腹の底に向かっている……これは、ひょっとして陰茎か？

この動物は「バラエノフォカ」。

鰭脚類（ききゃくるい）だ。

鰭脚類は陸上動物を祖先とするが、ライバルの少ない海洋世界に進出して成功を収めた。多様化し、さまざまな生態をもつ種類が現れた。

バラエノフォカは、そんな多様な鰭脚類の一つ。海底の微小な生物を狙う濾過食者である。

ふわぁ。

また海底の泥が舞った。

いったいどのくらい量を食べるのだろう。観察している間はずっと一連の動作を繰り返していた。

形態　全長12 m。史上最大級の鰭脚類。セイウチのような鰭脚類と比べると吻部（ふんぶ）が長くのび、鼻孔が上を向き、前肢が完全なヒレになっているなど、多くの点で水棲適応が進んでいる。

牙（犬歯）が1本だけ長くのびていることも特徴。また、ひげが発達しており、長く伸びた眉毛

とあわせて、どことなく「おじいさん」の雰囲気を醸し出す。また、一般に鰭脚類は大きな陰茎をもつことで知られており、本種も例外ではない。「プリアプス」という種小名は、まさにその陰茎にちなむもの。

生態　属名が示すように、現実世界のヒゲクジラ類のような生態をもつ。すなわち、小動物を「濾しとる」ことで生きている。ただし、「ヒゲクジラ類のような」とはいってもコククジラに近い生態で、浮遊性のプランクトンよりは、海底表層に暮らすカニなどの小動物を主食としている。長い牙は、海底の泥をすくい、泥ごとかき上げることに使われる。

進化の系譜　現在の地球において、アザラシ類、アシカ類、セイウチ類で構成されるグループを「鰭脚類」という。文字通り、四肢が鰭状（ひれじょう）になっており、水棲適応が進んでいる。地上を歩くことができないわけではないが、基本的に地上における動きは鈍重である。鰭脚類はより大きなグループとして食肉類に属している。食肉類はイヌ類やネコ類を含む分類群だ。鰭脚類は、食肉類内ではイヌ類に近縁とされる。

すべての食肉類の祖先は、新生代古第三紀始新世（しんせい）に登場したミアキス類に属すると考えられている。ミアキス類はミアキス（*Miacis*）に代表さ

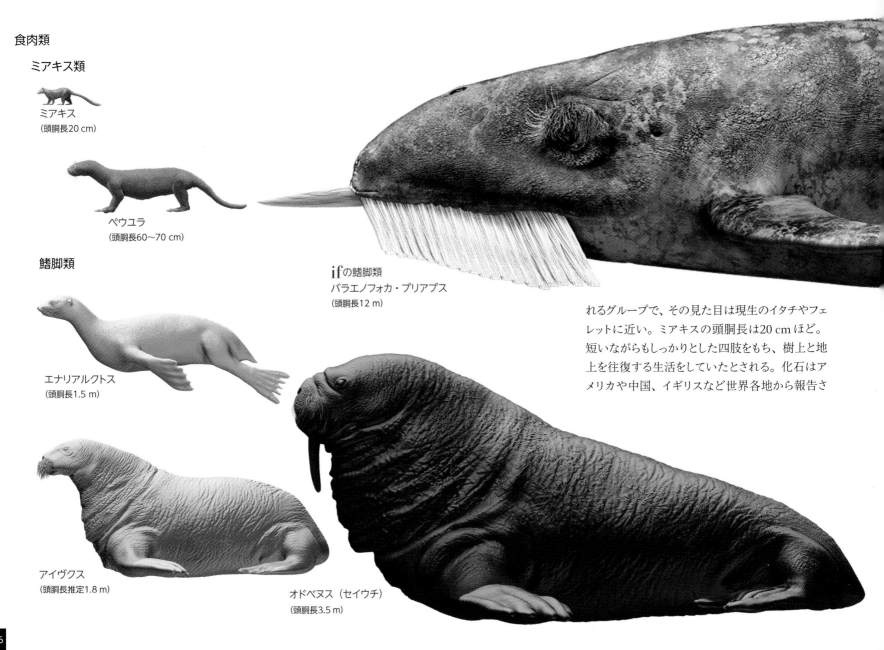

食肉類

ミアキス類

ミアキス
（頭胴長20 cm）

ペウユラ
（頭胴長60〜70 cm）

鰭脚類

エナリアルクトス
（頭胴長1.5 m）

アイヴクス
（頭胴長推定1.8 m）

オドベヌス（セイウチ）
（頭胴長3.5 m）

ifの鰭脚類
バラエノフォカ・プリアプス
（頭胴長12 m）

れるグループで、その見た目は現生のイタチやフェレットに近い。ミアキスの頭胴長は20 cmほど。短いながらもしっかりとした四肢をもち、樹上と地上を往復する生活をしていたとされる。化石はアメリカや中国、イギリスなど世界各地から報告さ

れている。

　ミアキス類の登場から1000万年と少し経過した新生代新第三紀中新世のカナダに、ペウユラ（*Puijila*）が出現した。ペウユラは頭胴長60〜70 cmほどで「食肉類の中で最も鰭脚類に近い存在」とされている。見た目は現生のカワウソを彷彿とさせ、四肢に水かきがあったとみられている。まだ鰭脚ではない。

　そして、新生代古第三紀漸新世〜新第三紀中新世のアメリカにエナリアルクトス（*Enaliarctos*）が出現している。エナリアルクトスは頭胴長1.5 mほど。その見た目は、現生のアシカ類にそっくりだ。四肢は鰭脚となり、前肢においては親指から小指に向かって指が短くなり、後肢においては親指と小指が長く、中指が短い。エナリアルクト

スは本書執筆時点の情報で「最古の鰭脚類」に位置付けられている。

　さて、お気づきになられただろうか。「食肉類の中で最も鰭脚類に近い存在」であるペウユラは中新世の動物で、「最古の鰭脚類」であるエナリアルクトスは漸新世〜中新世の動物だ。つまり、より進化型であるはずのエナリアルクトスの方が出現時期が早いのである。

　実はこれは化石記録の不完全性によるもので、古生物学では"よくある事態"である。この場合、「食肉類の中で最も鰭脚類に近い存在」はエナリアルクトスの出現以前には存在していたはずで、その姿はペウユラに似ていたとみなされる。その化石がまだ発見されていないだけなのだ。

　中新世の後期になるとメキシコにアイヴクス（*Aivukus*）が出現した。全長は不明ながらも頭骨だけで30 cmはあったとみられるこの鰭脚類は、最古のオドベヌス科（セイウチ科）とみられている。その見た目は犬歯が発達していないだけで、現

生のセイウチ（*Odobenus rosmarus*）とそっくりだ。ちなみにセイウチは、中新世の次の地質時代にあたる鮮新世の後期に出現している。

　こうしてみると、鰭脚類は早い段階で姿が"固定"している。その理由の一つとして、同じ海棲哺乳類であるクジラ類（Cetacea）の存在が関係しているとの見方がある。クジラ類の祖先は、エナリアルクトスの登場よりも前に陸から海への進出を果たしていた。鰭脚類に一歩先行するクジラ類は、まず淡水域に、そして沿岸域、さらに遠洋域へと進出していった。このとき、沿岸域に"残った"クジラ類はなく、その生活圏がぽっかりと空いた。鰭脚類はその空いた沿岸域に適応したものの、今度は、その先の遠洋域はすでにクジラ類によって占められており、進出できず、姿も固定したとみられている。

　では、そのクジラ類がいなかったらどうなったのか？　彼らの海洋進出がなければ？　鰭脚類の中にはより海棲適応を遂げたものが出現したかもしれない。バラエノフォカは、そんな海棲適応種の一つとして創造した。

肉歯類
（にくしるい）

肉食哺乳類として古第三紀に隆盛を誇りつつ、新第三紀に入って数百万年で謎の絶滅を遂げた「肉歯類」。もしその仲間が生き続けていたら……、どこかで見たような姿に変貌しているのかもしれない。

DATA FILE

学名
サルティヒアエナ・ヘルバティカ
Saltihyaena herbatica

分類
単弓類 哺乳類 肉歯類

近縁有名種
ヒアエノドン属
Hyaenodon

語源
Saltihyaena：跳ねるハイエナ
herbatica：草本食

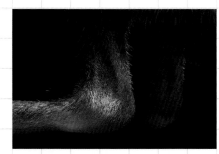

強い跳躍力を生む発達したアキレス腱をもつ。

側面

正面

サルティヒアエナ自身は草本食だが、肉食性だった祖先の名残りとして、大きな牙をもっている。

ifの STORY

　灌木と草が点在する。

　全体として赤茶けた空間がそこに広がっている。

　そんな平野で、サルティヒアエナが群れを組んでいた。

　細身ながらも筋肉質で、発達した後肢をもつ。口から鋭い犬歯がチラリと見える。

　顔つきは、捕食者のそれ。

　しかし実際には、彼らは草を食んでいる。

　数頭のサルティヒアエナが、尾を支えにしてスクッと2足で立つ。首をのばし、周囲を見渡し、何かの接近を警戒しているようだ。

　食事中の個体と、警戒中の個体。それらが入り混じる風景は、被捕食者の生態そのものだ。顔つきは捕食者であっても、どうやら彼らは"狩られる側"らしい。

　警戒担当の個体たちは、耳と鼻をひくひくと動かしながら、顔の向きを頻繁に変える。

　ふと、その中の1頭がひと声鳴いた。

　場面が転換する。

　群れをつくっていた皆がいっせいに跳ねた。後肢で力強く地面を蹴る。

　1頭が先導し、残りはその1頭についていく。どうやら捕食者が接近中らしい。

サルティヒアエナ

形態 発達した後肢がトレードマーク。尾もがっしりとしている。頭部はやや小さめ。とくにオスの場合は、大きな犬歯をもつ。直立したときの身長が140 cmほど。

生態 草本食生。ときに大規模な群れをつくり、跳躍しながら移動する。発達したオスの犬歯は、繁殖期にディスプレイとして使われる。

DATA FILE

学名
ノクティクストス・スカンソル
Nocticustos scansor

分類
単弓類 哺乳類 肉歯類

近縁有名種
ヒアエノドン属
Hyaenodon

語源
Nocticustos：夜の番人
scansor：樹木に登る

両眼は大きく、正面を向く。

ものをつかむことができるように発達した手。

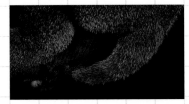
祖先の名残りで、短い尾が残っている。

正面

側面

Nocticustos scansor

ノクティクストス・スカンソル

ノクティクストス

形態 四肢と眼が発達している。四肢は手首・足首が柔軟で、手はものをつかめるように、足は樹木につかまることができるようになっていた。眼は正面を向いており、左右の視界が重なる。これにより、対象との距離感がつかみやすいようになっている。舌は長い。頭胴長60 cm。

生態 樹上で生活し、昆虫や果実、花の蜜などを主食とする。薄明薄暮性（明け方のまだ暗い時間帯と夕暮れの暗くなりかけた時間帯によく動く）。基本的には単独行動をし、繁殖期のみ小規模な群れをつくる。

肉歯類

オキシエナ
(頭胴長60〜70 cm)

パトリオフェリス
(頭胴長1.5 m)

進化の系譜　肉食性の哺乳類といえば、ネコやイヌなどが属する「食肉類」が有名だ。現在の地球における肉食性哺乳類の大半は、このグループに属している。

　一方、生命史を紐解くと、食肉類とほぼ同時期に出現し、新生代古第三紀（約6600万年前〜約2300万年前）と新第三紀中新世（約2300万年前〜約533万年前）に繁栄を遂げながらも、姿を消した肉食性哺乳類のグループがもう一つある。それが「肉歯類」だ。食肉類とは歯の形状にちがいがあるほか、肉歯類の四肢は食肉類と比べるとやや短いという特徴もある。

　初期の肉歯類を代表するものとして、オキシエナ（*Oxyaena*）がいた。頭胴長60〜70 cmほど

のこの動物は、肉食性らしい頑丈な歯をすでに備えており、食肉類でいうところの、キツネやオオカミなどと同じような生態だったのではないか、と指摘されている。

　オキシエナの仲間でのちに出現したものが、パトリオフェリス（*Patriofelis*）である。頭胴長は1.5 mに達し、頭部だけでも約30 cmの大きさがあった。歯は鋭さを増し、いわゆる「切り裂き型」だったとみられている。犬歯も発達し、見た目も生態も、食肉類における大型のネコ類に似ていたようだ。

　そののちに登場した肉歯類が、グループの代表種ともいえるヒアエノドン（*Hyaenodon*）だ。頭胴長こそ1 mとパトリオフェリスよりやや小型化したものの、走行に長けた四肢をもち、獲物を切り

裂く能力は卓越していた。その姿は「肉食性哺乳類として完成していた」と評される。実際、ヒアエノドンの分布域は北アメリカ、ユーラシア、アフリカと広範囲におよび、少なくとも北アメリカの一部の生態系ではその頂点に君臨していたとみられている。

　こうして繁栄を遂げた肉歯類だけれども、"史実"においてはなぜか絶滅してしまっている。その理由はよくわかっていない。

　サルティヒアエナとノクティクストスは、「肉歯類が生き残っていたら」というifである。

　"史実"においては、古第三紀始新世（約5600万年前〜約3390万年前）ごろから食肉類（ネコやイヌの祖先グループ）が台頭を始める。食肉

ヒアエノドン
（頭胴長1 m）

ifの肉歯類
ノクティクストス・スカンソル
（頭胴長60 cm）

ifの肉歯類
サルティヒアエナ・ヘルバティカ
（身長140 cmほど）

類の台頭が肉歯類をしだいに追い詰めていった
と仮定して、肉歯類の生き残りを模索したものだ。
可能性の一つとして、サルティヒアエナは植物食
適応を、ノクティクストスは昆虫食と果実食に適
応して樹上生活をするようになったとして創造した
ものである。"史実"における肉歯類の絶滅は中
新世に起きた出来事だ。地球の気候は中新世か
ら鮮新世（約533万年前〜約258万年前）にか
けて寒冷化・乾燥化が進行し、森林が縮小して
草原が広がっていく。その変化のなかで、サルティ
ヒアエナの祖先は森林を捨てて進化し、ノクティ
クストスの祖先は森林に残る選択をとった。この
2種は、そんな物語の果ての姿である。

カリコテリウム科

ウマやサイと同じ奇蹄類でありながら、なぜかゴリラのような姿に進化したカリコテリウム科。そんな彼らが食性まで変化させることができれば、絶滅せずに生き延びたのかもしれない。

DATA FILE

学名

メリモルス・プーイーヨールム

Melimorus pooheeyorum

分類

単弓類 哺乳類 奇蹄類 カリコテリウム科

近縁種

カリコテリウム

Chalicotherium

語源

Melimorus：はちみつ好きなのろま
pooheeyorum：A・A・ミルンの児童小説
『クマのプーさん』に登
場するクマとロバにちなむ。

ウマに似た吻部は、カリコテリウム科の特徴の一つ。長い舌は、蜂蜜から昆虫まで多様なものを食べることに適している。

上面

正面

側面

後脚よりも長い前脚は、カリコテリウム科の特徴の一つ。その先端には鋭い鉤爪があった。

ほぼ全身を覆う体毛は、ハチの攻撃から肌を守っている。

Melimorus pooheeyorum

メリモルス・プーイーゴールム

ifのSTORY

夏の蒸し暑い空気を、一陣の風が切り裂いた。

クンクン。

風が運んできたのは涼しさだけではなかった。どことなく熟成感のあるこの香り。それをメリモルスは逃さない。

風上へと鼻を向け、鼻をヒクヒクと動かしながら樹々の間を歩いていく。

どこだろう？

どこに香りのもとはあるのだろう？

しばらくすると、羽音も聞こえるようになった。

メリモルスが見上げると、木の枝にぶら下がる大きな蜂の巣がある。

見つけたー。でも……。

でも、それは「ちょっと高い」。

試しに立ち上がってみる。めいっぱいに背伸びをする。しかし、蜂の巣は明らかに自分の目線より上にある。長い舌を伸ばしてみたけれど、残念ながら届かない。

腕をのばすが、上腕を高く上げることはできない。

さて、どうするか。

襲いかかってくるハチを振り払いながら、考えることしばし。

メリモルスは、背伸びをして、前脚を幹にかけた。今日は木登りに挑戦することにしよう。

得手不得手は別として、メリモルスは木登りをすることができる。奇蹄類としてはかなり珍しい特徴だ。ぽっちゃりとしたそのからだを振りながら、前後の脚を器用に使って登る。

ただし、得手不得手を考えると、（個体差もあるけれども）決して、「得手」ではない。このメリモルスが木登りをためらったのは、そんな事情があったのにちがいない。

それでもなんとか1mほど木登りをし、なんとか前脚の鉤爪を巣にかけることができた。ハチたちの襲撃に耐えながら、なんとか大きな鉤爪で巣を揺らす。

すると、巣はポキっと折れて落下した。

一仕事を終えたメリモルスはゆっくりと地面に戻り、鉤爪で蜂の巣を壊していく。狙うは、タンパク質や脂質を豊富に含んだハチノコだ。蜜を添えて食べるのが、このメリモルスの"マイ・ブーム"らしい。

形態　奇蹄類の中でも、とりわけ「でっぷり型」。カリコテリウム科の特徴である「長い前脚」をもつ。また、「短い後脚」も本種の特徴の一つである。奇「蹄」類ではあるものの、蹄はもっていない。長い舌も特徴の一つ。そして、毛深い。頭胴長2.7m。

生態　大小さまざまな森林地帯に生息する。雑食ではあるが、とくに蜂の巣を好み、ハチノコや蜂蜜を狙う。霊長類などと比べるとあまり得手ではないものの、発達した前腕と鉤爪を使って樹木に登ることができる。

カリコテリウム科

モロプス
(肩高1.8 mほど)

カリコテリウム
(肩高1.8 mほど)

進化の系譜
カリコテリウム科は、奇蹄類を構成する絶滅グループの一つである。

現在の地球において、ウマ科、バク科、サイ科からなるグループを「奇蹄類」という。

奇蹄類は、遅くても新生代古第三紀始新世の初期には出現していた。その後、ほどなく多様化を遂げ、始新世中期には、現生3科の他に絶滅グループを加えた既知の科がすべて出そろった。始新世中期以降の古第三紀は、奇蹄類の"黄金時代"だ。現在の多様性を超えるさまざまな姿の奇蹄類が、世界各地で繁栄していた。

しかし新第三紀になって最初の時代である中新世の中期になると、奇蹄類の多様性は減少しはじめる。結果として、現在まで生き残っているのは、上で挙げた3つの科だけだ。

新第三紀……奇蹄類にとっての"衰退期"にあたるこの時代に、まるで徒花のように登場し、勢力を広げ、多様化し、そして絶滅していったグループが、カリコテリウム科だ。

カリコテリウム科は、奇蹄類ではあるけれども「蹄」をもっていない。とくに前足には、蹄ではなく、大きな鉤爪があった。

カリコテリウム科の初期の種類として挙げることができるのは、モロプス（*Moropus*）だ。新第三紀中新世前期に登場し、北アメリカ大陸とヨーロッパで繁栄していた。

モロプスは肩高1.8 mほどの大きさ。顔つきはどことなくウマに似ている。前脚が後脚よりもやや長く、前足の指は3本指で、その先には大きな鉤爪があった。中新世後期まで、その存在が確認されている。

モロプスとほぼ同時期に出現し、アジア、アフリカ、ヨーロッパで、中新世の次の時代である鮮新世前期まで栄えたのが、カリコテリウム（*Chalicotherium*）だ。サイズはモロプスとさほど

変わらないものの、前脚は後脚と比べるとかなり長かった。やはり前足は3本指で、大きな鉤爪がある。カリコテリウムのその姿は、「ウマとゴリラの雑種」と表現されるほど、他の奇蹄類と比べると独特だ。

"史実"においては、カリコテリウム科が現在まで生き残ることは許されなかった。では、どのようにすれば生き残ることができたのか？

今回、一つの可能性として探ったのは、「虫食」への進化だ。

"史実"において、カリコテリウム科が虫食性に進化したという証拠は見つかっていない。

虫食化を"実現する"にあたり、現生のナマケグマ（*Melursus ursinus*）と類人猿を参考にした。大きなポイントは前脚の長大化である。モロプスの段階で後脚より「やや」長かった前脚は、カリコテリウムの段階で「かなり」長い前脚となり、そして今回創造したメリモルスでは「さらに」長い前脚としている。そのほか、長い舌をはじめとして、いずれもハチノコや蜂蜜を軸とした虫食性への適応である。ただし、類人猿とくらべると奇蹄類の肩関節の可動性はさほど高くない（"完全な万歳"ができない）ので、メリモルスの木登りはややぎこちないものとなったにちがいない。

ifのカリコテリウム科
メリモルス・プーイーヨールム
（頭胴長2.7 m）

グリプトドン科

武装を強化することで、南北アメリカ大陸で大いなる繁栄を遂げたグリプトドン科。約1万年前ごろから姿を消していったが、そのまま生き残っていたら、どこまでヘンテコ姿になるのだろう？

ルクタントフォルティス・
ディプロハスタトゥス 《オス》

DATA FILE

学名

**ルクタントフォルティス・
ディプロハスタトゥス**

Luctantofortis diplohastatus

分類

単弓類 哺乳類 異節類
被甲類 グリプトドン科

近縁種

パノクトゥス
Panochthus

語源

Luctantofortis：戦う力士
diplohastatus：二本槍をもつ

正面

上面

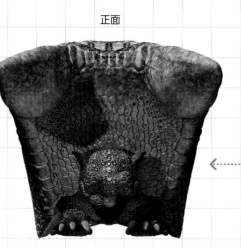

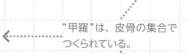 "甲羅"は、皮骨の集合でつくられている。

オスの尾は幅が広く、種内闘争の際に踏ん張る時に使われる。

側面

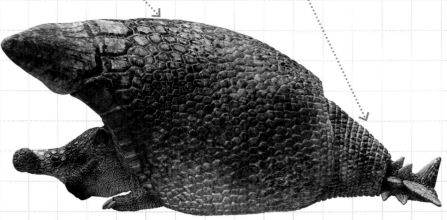

オスの"甲羅"の先端は、その左右が大きく前に突出している。

骨片で固められたツノが突出する。種内闘争の際、副武器的な役割を果たす。

*Luctantofortis
diplohastatus*

ルクタントフォルティス・ディプロハスタトゥス

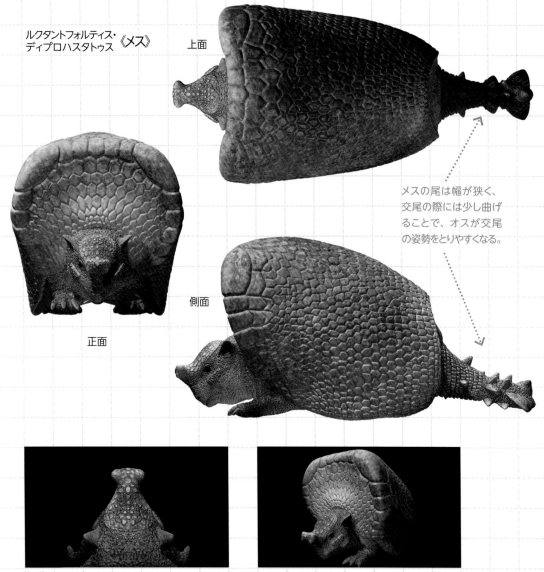

ルクタントフォルティス・
ディプロハスタトゥス 《メス》

上面

メスの尾は幅が狭く、
交尾の際には少し曲げ
ることで、オスが交尾
の姿勢をとりやすくなる。

側面

正面

骨片で固められたツノをもつものの、オスほど
には発達していない。

メスの"甲羅"の先端は、オスのような突出部
がない。

ifの STORY

陽射しが強い。

思い出したように弱い風がやってきて、草木を
揺らす。

しかしその風は長くは続かない。

今、この"闘いの舞台"には3頭のルクタントフォ
ルティスがいた。

便宜上、この3頭を「ルクタント」「フォル」「ティ
ス」と呼ぶことにしよう。

ルクタントとフォルは、数mの距離を空けて向
かい合っている。ティスは、睨み合う2頭から少し
距離を開けて……それでもさほど離れずに、様
子を見ている。

3頭ともに背中に"甲羅"をもつ。

ルクタントとフォルはほぼ同じ大きさ。その甲羅
の一部が前方に大きく張り出している。

ティスはルクタントたちと比べるとずいぶん小さい。半分……とまではいかないが、3分の2を下回っている。ルクタントやフォルにあるような甲羅の張り出しもほとんどない。

睨み合いを始めてからどのくらいの時間が経過したろうか。

しびれを切らしたのは、ルクタントとフォルが同時だった。

いざ立ち会い。

ずしんっ、という音が聞こえそうなくらい（実際にはそんな音はしていないけれども）力強く2頭が前進を始めた。

たがいにぶつかる距離まできても、歩みを止めない。そのまま進み、甲羅の突出部をがっしりと噛み合わせる。

ノコった！　そんな掛け声が聞こえてきそうだ。

ルクタントが重心をずらし、フォルをそのまま持ち上げようとすれば、フォルは太い尾を動かし、全身で踏ん張る。踏ん張りながら、フォルは頭部のツノをルクタントの頭部にぶつけ、ルクタントの集中力を削がせようとする。ツノの"攻防"が展開され、ルクタントはそのツノをフォルの下に潜り込ませようとする。

ルクタントたちオスの目的は、メスであるティスを得ることだ。

"取り組み"は、オスたちにとっては長く感じたかも知れない。

しかし、実際には10秒ほどだったろう……睨み合いの方がよほど長かった。

どぉっという豪快な音が響き渡る。

ルクタントがフォルを投げ飛ばしたのだ。

勝負はついた。

この姿勢からフォルが起きるためには、かなりの時間が必要だ。とても、そんな余裕はなかった。

勝敗は決したのである。

形態　背中と頭部に皮骨が集まってできた"甲羅"をもつ哺乳類。尾にも類似の構造があり、尾の先端には突起もある。全体的にかなり武装化（装甲化）が進み、要塞のような姿をしている。性的二型があることが確認されており、オスは"甲羅"の前端が大きく突出している。また、オスの全長が3.6 mであることに対し、メスはずっと小さくて全長2 mほどしかない。

生態　植物食性。繁殖期になると、メスをめぐってオスが争うことで知られている。オスたちの戦いは長い睨み合いから始まる。多くの場合では、この睨み合いだけで勝負がつく（大抵において、"甲羅"の突起が大きい個体が勝つようだ）。睨み合いで決着がつかなかった場合、突起をがっちりと組み合わせて"相撲"をとる。この場合、相手のオスを投げ飛ばしたり、横転させたりすることで勝敗を決する。ただし、横倒しになっただけではあきらめない個体もあり、その場合は完全に仰向けにさせることで勝者と敗者を決めている。オスたちが戦っている間、メスはまるで行司のように近くでそのようすを見守る習性がある。

進化の系譜　「防御を固めた脊椎動物」といえば、古今の「カメ類」をはじめ、古生物でいえば、一般に「鎧竜類」で知られる「アンキュロサウルス類」などの爬虫類が有名だ。哺乳類においては、現生種のミツオビアルマジロ（*Tolypeutes tricinctus*）がよく知られている。

グリプトドン科

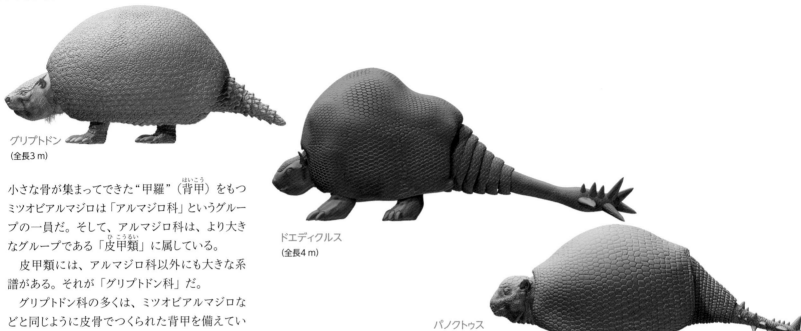

グリプトドン
(全長3 m)

ドエディクルス
(全長4 m)

パノクトゥス
(全長3.5 m)

小さな骨が集まってできた"甲羅"（背甲）をもつミツオビアルマジロは「アルマジロ科」というグループの一員だ。そして、アルマジロ科は、より大きなグループである「皮甲類」に属している。

皮甲類には、アルマジロ科以外にも大きな系譜がある。それが「グリプトドン科」だ。

グリプトドン科の多くは、ミツオビアルマジロなどと同じように皮骨でつくられた背甲を備えている。ただし、ミツオビアルマジロは危険を感じると腹を内側にしてボールのように丸くなって全方位に対する防御形態をとるが、グリプトドン科の動物たちにはそれができなかった。

グリプトドン科の歴史は、新生代古第三紀始新世（約5600万年前〜約3390万年前）にまで遡ることができる。しかし、その存在が目立ったものとなったのは、新生代第四紀更新世（約258万年前〜約1万年前）になってからだった。更新世に大いに繁栄し、多様化し、そして滅んでいった。

グリプトドン科の代表的な存在は、更新世に出現したグリプトドン（Glyptodon）だ。全長3 mとなかなかの大きさで、トレードマークといえる背甲

のほか、強力な顎をもっていたことで知られている。その化石は、南アメリカ大陸各地から発見されているほか、アメリカにおいてもテキサス州から報告がある。

もともと北アメリカ大陸と南アメリカ大陸は独立した別々の大陸だった。しかし、約300万年前（新生代新第三紀鮮新世後期）にパナマ地峡が誕生し、2つの大陸は地続きとなった。このとき、北アメリカ大陸から南アメリカ大陸へと進出した哺乳類は多数確認されているが、南アメリカ大陸から北アメリカ大陸へと進出した哺乳類は数が少な

かった。グリプトドンはそんな少数派の一つでもある。

さて、グリプトドン科においては、グリプトドン後に"武装化"が進む。グリプトドンの"一歩先"に位置付けられているドエディクルス（Doedicurus）は、全長4 mとグリプトドンよりもひと回り大きなからだをもち、尾の先は棍棒状になっていて、しかもその先にトゲが発達していた。『機動戦士ガンダム』でガンダムが使用する「ビームジャベリン」を彷彿とさせる尾である。そんなドエディクルスは、冨田幸光たちが著した『新版 絶滅哺乳類図鑑』

ifのグリプトドン科
ルクタントフォルティス・ディプロハスタトゥス（メス）
（全長2 m）

ifのグリプトドン科
ルクタントフォルティス・ディプロハスタトゥス（オス）
（全長3.6 m）

で「知られているうちで、もっとも完ぺきに武装した哺乳類」と紹介されている。

　ドエディクルスの"一歩先"とされるのは、パノクトゥス（Panochthus）である。ドエディクルスとよく似ているが、全長は3.5 mとひと回り小さい。尾の武装は少し大人しめになっていた。

　"史実"においては、グリプトドン科を含む大型の哺乳類は約1万年前ごろ（更新世末）に次々と姿を消していった。絶滅の原因は環境の変化とも人類の台頭による過剰殺戮ともいわれているが、未だよくわかっていない。

　もしもグリプトドン科が絶滅せずに生き残ったら、どのような子孫が誕生しただろうか？　ルクタントフォルティスは、背甲を防御だけではなく、攻撃にも使えるように進化したものとして創造した。ただし、その攻撃の主たる相手を同種とすることで、オスとメスで異なる姿をもつ性的二型のある種としている。

イヌ科

古第三紀始新世のミアキス類に端を発するイヌ科。
走り回ることに適応する方向で命脈を繋いできた。
そんな彼らがこのまま進化を重ねたら、一体どん
な姿になるのだろう？

DATA FILE

学名
カニス・ルプス・エクウス
Canis lupus equus

分類
単弓類 哺乳類 食肉類 イヌ科

近縁亜種
イエイヌ
Canis lupus familiaris

語源
Canis：イヌ
lupus：オオカミ
equus：ウマ

上面

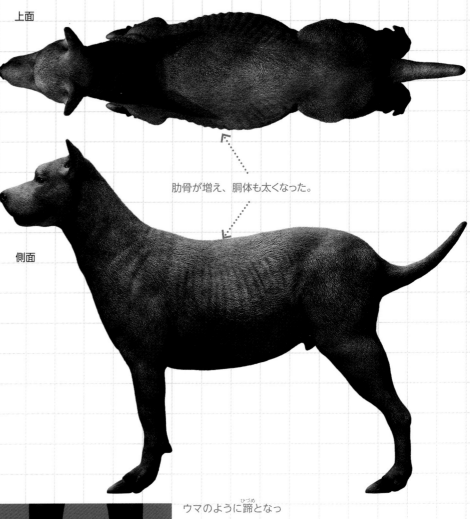

肋骨が増え、胴体も太くなった。

正面

側面

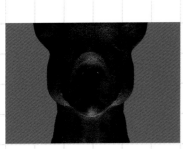

咬筋が発達し、植物食に特化した。

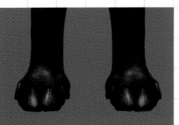

ウマのように蹄（ひづめ）となっ
た足。第3、第4指だ
けが発達し、残りの指
は退化している。

Canis lupus equus

カニス・ルプス・エクウス

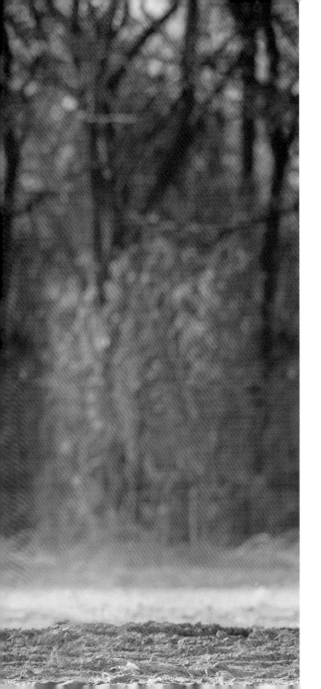

ifの STORY

「よろしくね」

騎手は、ポンポンとその"イヌ"の首筋を叩いた。

声に出して答えるかわりに、その"イヌ"は尾を振る。わかりやすい感情表現に、騎手は思わず微笑む。

騎手が軽く膝を締めると、その"イヌ"は騎手を乗せて歩き始める。

まずは、ゆっくり常歩（なみあし）で。

右後ろあし、右前あし、左前あし、左後ろあしと順番に、リズミカルにあしを運びながら。

次に速歩（はやあし）。

右後ろあしと左前あし、左後ろあしと右後ろあしが同時に動き、上下の反動が大きくなり、あし音が大きくなる。

そして、駈歩（かけあし）へ。

右後ろあし、左後ろあしと右前あし、左前あしと運び、上下に大きなうねりが出る。

さらに、襲歩（しゅうほ）へと速度を上げていく。

2本の指が地面を蹴り、推進力を得て、飛ぶように進む。歩幅が広くなり、瞬間的にすべてのあしが宙に浮く。まさに「疾走」だ。

この"イヌ"は、正しくはイヌではない。

正しく「イヌ」という場合、その学名は、カニス・ルプス・ファミリアス。

この"イヌ"は、「イヌ」の愛称で呼ばれているけれども、カニス・ルプス・ファミリアスは別亜種となる。学名は、カニス・ルプス・エクウスだ。

人犬一体。

機械ではなく、動物に乗っているからこそ感じる"大地につながる感覚"。

ひとしきり走り回った彼らは、今度はしだいに速度を落としていく。

カニス・ルプス・エクウスは、舌をべろんと出しながら、荒い呼吸を繰り返している。

しかし、その表情はどことなく満足気だ。

「待て」

騎手の声にあわせて、カニス・ルプス・エクウスは歩みを止めた。

騎手はガシガシとカニス・ルプス・エクウスの頭を撫でてから、犬上から降りる。

「おつかれさま。ありがとね、ポチ」

褒める騎手の顔を、カニス・ルプス・エクウス（個体名：ポチ）はぺろんと舐め上げた。

形態　イエイヌの品種の一つであるグレート・デーンが改良された。基本的にはグレート・デーンの姿を保ちつつ、大型化し、蹄（ひづめ）の獲得などの走行性が上昇している。肩高は1.5 mに達し、"リアル世界"のポニー並みの大きさがある。胴回りが太くなったことで、ヒトが騎乗できるようになった。

生態　高い走行性をもつ。イヌ科では珍しい完全な植物食性。「騎馬」ならず、「騎犬」として飼育されることが多い。ウマ並みの走行性と、イエイヌ並みのしつけのしやすさをあわせもつ。

進化の系譜　イヌ類こと「イヌ科」は、食肉類を構成するグループの一つだ。新生代古第三紀始新世（ししんせい）に登場したミアキス類を祖先とし、始新世後期にあたる約3700万年前には、最初期のイヌ科であるヘスペロキオン（Hesperocyon）が出現した。

ヘスペロキオンは、頭胴長40 cm前後、体重1〜2 kgという小さな動物で、その姿は祖先であるミアキス類に近く、現生のイタチ（Mustela）にどことなく似ている。現生のイエイヌ（Canis lupus familiaris）の前足が5本指、後ろ足が4本指であることをに対し、ヘスペロキオンの足は前後とも5本足だった。また、爪も長く、祖先であるミアキス類と同じように樹木を登ることができたとされる。歩行は、かかとをつけて歩く「蹠行性（せきこうせい）」だった。

古第三紀漸新世に出現し、1000万年以上にわたって命脈をたもったイヌ科動物が、レプトキオン（Leptocyon）だ。頭胴長は50 cmほどで、ヘスペロキオンよりもひと回り大きかった。ヘスペロキオンがイタチ似であるとすれば、レプトキオンは現生のキツネ（Vulpes）によく似ている。足は、指先で歩く「趾行性（しこうせい）」となった。現生のイヌ科と同じである。

このレプトキオンから数種のイヌ科を経て、遅くても約600万年前までにはカニス（Canis）が出現した。カニスの代表こそが、カニス・ルプス（Canis lupus）だ。いわゆる「オオカミ」である。

オオカミは北半球を中心に広く分布し、大繁栄を遂げた。その過程で、彼らは人類と出会い、人類とともに生きるカニス・ルプス・ファミリアス、つまり、「イエイヌ」となった。

イエイヌの登場がいつだったのかについては、議論がある。

なにしろ、イエイヌはオオカミの亜種であり、オオカミとの遺伝情報はほぼ同じだ。「オオカミはやや大型の野生種」で、「イエイヌは小型の家

オオカミ
（頭胴長100〜160 cm）

食肉類

ミアキス類　　イヌ科　　　　　　　レプトキオン
　　　　　　　　　　　　　　　　　（頭胴長50 cmほど）
ミアキス　　　ヘスペロキオン
（頭胴長20 cm）（頭胴長40 cm前後）

畜種」ぐらいしかちがいがない。

遅くても約1万4000年前までには、イエイヌが登場し、人類の良き友としてともに暮らし始めたと考えられている。

イエイヌは、遺伝的に"弱く"、人為的な品種がつくりやすいことで知られる。実際、現在の世界には非公認犬種を含めて700〜800の品種（犬種）がつくられている。

イヌ科は「走り回ること」に適応し、進化してきた。森林から草原へ。樹上から地上へ。広い場所を走り回る。それがイヌ科の大きな進化の傾向だ（イエイヌとなり、ヒトとともに暮らすようになって一部の品種ではその傾向は見失われているが）。

同じように、"走行性の進化"を重ねてきた哺乳類がウマ類だ。

遠い将来、もしもウマ類のように品種改良されたイヌが出現としたら、その姿はどのようなものなるだろう？

ウマ類のように植物を主食とし、ヒトを乗せることさえできるようになったとしたら？

そんな未来を想定し、大型犬の1品種であるグレート・デーンをもとに創造した。"追求した進化"は、さらなる走行性の発達と、ヒトをも騎乗させることができる大型性だ。「イヌのウマ化」と言い換えることができるかもしれない。

ここまで変われば、もはや品種ではく、亜種となると仮定して、学名も変更している。

イエイヌ
(頭胴長50〜160 cm)

ifのイヌ科
カニス・ルプス・エクウス
(頭胴長2 m強)

ネコ科

イヌ科と同じくミアキス類から出発したネコ科。ネコ科は出現当時からすでにネコっぽかった。そんな彼らがさらに進化を続けたら……、やはりネコなのだろうか!?

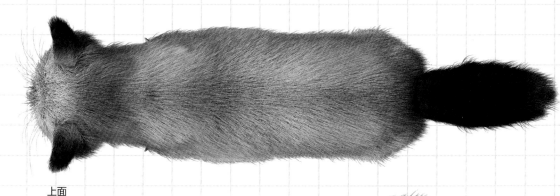

上面

正面

側面

丸顔で、吻部が短く、眼と耳が大きい。

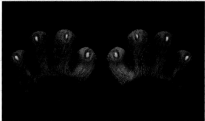

出し入れ可能な大きな鉤爪をもつ。指自体もイエネコよりは少し長い。

DATA FILE

学名

フェリス・シルヴェストリス・カピオマヌス
Felis silvestris capiomanus

分類
単弓類 哺乳類 食肉類 ネコ科

近縁亜種
イエネコ
Felis silvestris catus

語源
Felis：ネコ
silvestris：森の
capiomanus：つかむ手

Felis silvestris capiomanus

フェリス・シルヴェストリス・カピオマヌス

if の STORY

ふと気配を感じると、屋根の上に"ネコ"がいた。1頭、2頭、3頭……。

合計4頭の"ネコ"が、冬の晴れ間、暖かい日差しを浴びながら昼寝している。

ほっこりとしてしまう光景だ。

この"ネコ"は、イエネコの品種の一つである「ペルシャ」に似た姿をしている。ただし、ペルシャと比べて顔はより丸顔で、胴体がより長く、手足がより短い。

最近話題の「フェリス・シルヴェストリス・カピオマヌス」だ。

数年前から見かけるようになった「イエネコの亜種」である。

ふと最も手前にいたフェリス・シルヴェストリス・カピオマヌスが起き上がり、その場に座り込んだ。前足を膝に乗せ、何か思索をしているようだ。

吾輩は、フェリス・シルヴェストリス・カピオマヌスである。公式和名はまだない。

……そう考えているのかもしれない。

座るフェリス・シルヴェストリス・カピオマヌスは、眼を細め、日光を気持ちよさそうに受けている。

……眠っているのかもしれない。座りながら。

ふと新たに1頭のフェリス・シルヴェストリス・カピオマヌスが、土産をもってやってきた。どこで手に入れたのか、みかんである。

口にくわえたみかんを足元におろすと。指先から爪を出し、器用に皮を向いていく。

そのようすを見た4頭のフェリス・シルヴェストリス・カピオマヌスは、ゆっくりとからだを起こすと、みかんのまわりにあつまりはじめた。

にゃー。

どのフェリス・シルヴェストリス・カピオマヌスが発したのかはわからないけれども、鳴き声がひとつ。みかんをもってきたフェリス・シルヴェストリス・カピオマヌスは、自分で3房ほど食べると、残りを隣のフェリス・シルヴェストリス・カピオマヌスに譲った。

平和な午後の時間がすぎていく。

もっとも、フェリス・シルヴェストリス・カピオマヌスは、悪戯好きで知られる。彼らにとっての"平和"。さて、ヒトにとってはどうだろう？

食肉類

ミアキス類

ネコ科

ミアキス
(頭胴長20 cm)

プロアイルルス
(頭胴長80 cmほど)

スティリオフェリス
(頭胴長70 cmほど)

形態 イエネコによく似ているものの、イエネコと比べると丸顔で胴長短足。後頭部もやや大きい。やや長い指先に鉤爪（かぎづめ）をもち、イエネコよりもさまざまな場所に上手に昇り降りができる。頭胴長45 cm。

生態 野生化したイエネコから進化した亜種。知能が発達し、悪戯を好む。人間社会にも適応し、イエネコと同じような場所で、イエネコと同じようなものを好む傾向もある。

進化の系譜 イエネコ類ことネコ科は、食肉類を構成するグループの一つだ。新生代古第三紀始新世（ししんせい）に登場したミアキス類を祖先とし、いくつかのグループを経由したのち、遅くても古第三紀漸新世（ぜんしんせい）（約3390万年前〜約2300万年前）には、最初期のネコ科動物の一つであるプロアイルルス（Proailurus）が出現した。

プロアイルルスは肩高40 cmほどで、その姿は現生のネコ科動物と比べてすでになんら遜色ない。つまり、誰が見ても「あ、ネコ科動物だ」とみられる姿をしていた。有り体に書いてしまえば、「ネコ科は最初からネコ」だったのだ。彼らは、始祖たるミアキス類と同じように樹上で暮らしていたとみられている。

その後の進化に関しては、資料によって見解の相違があり、研究者間でも必ずしも統一したものがあるわけではないようだ。

2010年に刊行された『Biology and Conservation of Wild Felids』（編：D. W. Macdonald, A. J. Loveridge）によると、新生代新第三紀中新世（ちゅうしんせい）（約2300万年前〜約533万年前）、プロアイルルスを祖先としてスティリオフェリス（Styriofelis）が出現したという。プロアイルルスとほぼ同じ大きさのスティリオフェリスは、見た目もプロアイルルスとさして変わりはない。つまり、「あ、ネコ科動物だ」と判断される範疇にはいる。より厳密にいえば、現生のネコ科動物よりは前脚がいくぶんか短く、そして、プロアイルルスよりはやや細いとされているが……専門家でもなければ、そのちがいを見極めるのは難しいだろう。

そして、中新世の終わりが近づいたころ、現生のネコ科動物たちが出現したとされる。

現生のネコ科には、肩高1 mを超えるライオン（Panthera leo）やトラ（Panthera tigris）からイエネコ（Felis catus）にいたるまで、さまざまな仲間が存在する。

現生のネコ科内の系譜を見ると、トラなどのパンセラ（Panthera）属はやや原始的で、イエネコなどのフェリス（Felis）属は進化的とされる。パンセラ属からフェリス属へ、顔は吻部（ふんぶ）が短くなり、手足が短くなる傾向にある。

一方で、ライオンなどの一部の種をのぞき、多くのネコ科哺乳類は、その生活は草原よりは森林を好む。イエネコも、高低関係なく、自由に往来することができる。

もしも、このままネコ科動物が進化を遂げたと

パンセラ属
ライオン
（頭胴長170〜250 cm）

ifのネコ科
フェリス・シルヴェストリス・カピオマヌス
（頭胴長45 cm）

したら？ "イエネコの先"にあるネコ科動物は？
　ここで創造したフェリス・シルヴェストリス・カピオマヌスは、イエネコの中でも吻部の短いペルシャをモデルとし、より小型化し、吻部が短くなり、手足が短くなったと仮定した。不安定な高所でも自由に動けるように、手足には鉤爪を発達させた。もちろん、イエネコの亜種なので、イエネコがそうであるように鉤爪は出し入れ可能である。

パンセラ属
トラ
（頭胴長140〜280 cm）

フェリス属
イエネコ
（頭胴長30 cmほど）

if

おわりに

25話の「if（もしも）の進化物語」、いかがでしたでしょうか？

「え？　こんな風に進化する？　もっとこうなったんじゃないの？」

「こんな古生物がいた世界なら、じゃあ、こういう古生物もいたはず」

「これが滅びるなら、このときだね」

……などなど。

みなさんが、この本をネタにして、みなさん自身の「ifの世界」に思いを巡らせてみていただけたのであれば、この企画は成功したといえると思います。

もとより「if」の1冊です。生命史には「ifの分岐」はたくさんあります。ぜひ、みなさんも、みなさん独自の「ifの世界」とそこで暮らす「if生物」を構築してみてください。

そして、おそらくそうした世界を想像（創造）すればするほど、「進化」のもつ楽しさ、「生態系」という名の生物たちの相互関係の複雑さを知ることができるでしょう。

もともとこの本の企画を思いついたのは、私が科学雑誌『Newton』で編集記者をしていた2000年代でした。当時、放送されていた『フューチャー・イズ・ワイルド』（原題はTHE FUTURE IS WILD；邦訳版はNHK教育で放送のち、NHKエンタープライズがDVDを発売）に心を弾ませ、そしてドゥーガル・ディクソンの『アフターマン』（ダイヤモンド社）を読んで、「あ、こんな企画をいつかやりたいな」と思ったものです。

この二つの作品は、ともに「人類滅亡後の未来を生きる生物」を創造したものでした。私は大学・大学院で地質学と古生物学を学んだ身でしたので、「人類滅亡後」のフィクションではなく、「過去の"if古生物"」のフィクションを、と考えていました。

しかし当時の私には、この企画を立ち上げるだけの力がありませんでした。「思考実験」といえばもっともらしいものの、はたしてこういった"遊びの企画"につきあってくれる専門家が日本にもいるのか、そして、その企画を実現するクリエイターがいるのか。その"壁"を感じていたのです。

時は流れ、私は『Newton』から独立し、フリーランスのサイエンスライターとなりました。

幸運にも、「古生物の黒い本」とみなさんにお呼びいただいているシリーズ（『エディアカラ紀・カンブリア紀の生物』以下、本編10巻＋図譜1巻）を上梓することができました。また、多くの方に楽しんでいただいた「リアルサイズ古生物図鑑」シリーズも世に送り出すことができました。

この両シリーズは、技術評論社編集部の大倉誠二さんのもとに進められました。技術評論社からは、その後も『怪異古生物考』『古生物食堂』といった"搦手からの古生物本"も上梓することができ、その意味で"搦手からの古生物本"の一つとして、「ifの古生物企画」を提案する場は整ってきました。

この企画で絶対に欠かせないのは、思考実験におつきあい頂ける"遊び心"のある専門家とクリエーター（イラストレーター）の存在でした。10数年前の私に企画立案を躊躇わせた二つの"壁"です。

幸にして、専門家に関しては、この10数年の間に頼れる方に出会うことができました。そのお二人こそが脊椎動物担当の藤原慎一さんと、無脊椎動物担当の椎野勇太さんです。お二人とも、大学で指導されている最前線の古生物学者であり、そして、生物の姿形を考察する専門家です。

そして、クリエーターです。こちらも難題でした。なにしろ、現在の生物や古生物には、元となる資料があります。しかし本企画では事実上、そうした資料が存在しません。参考となる生物の資料はありますが、"if生物"そのものの資料は、写真1枚、骨格図1枚も存在しないのです。専門家の指摘を受けながら修正を繰り返し、生物を創造していく必要があります。

正直、作業が膨大になることが予想されました。

この企画に賛同してくれるクリエーターを探していたところ、別件でお世話になっていた服部雅人さんから「"怪物画"も描いています」という、半ば雑談的なメールをいただきました。そこで、「完全な想像の産物ではなく、科学的な裏付けのある"if生物"を描いてみませんか」という旨を打診したところ、「ぜひに!」とお返事いただいた次第です。

こうして、10数年前には立案さえできなかった構想は、無事に企画化の運びとなり、そして、約2年半の制作期間を経て、こうしてみなさんのお手元に届けることができました。

if生物の創造にあたっては、まず、私が諸情報をもとに各種の原案を監修のお二人に提案することから始めました。その提案を見た監修者のお二人から、多くの場合で「そういう話ならば……」と逆提案をいただきました。その後、1種ごとに監修者と私の間で打ち合わせを行い、ある程度のイメージが見えてきたところで、服部さんに叩き台となる古生物を創造してもらいました。ここでも服部さんと私の間でイメージの共有をはかり、そして最終的には監修者と服部さんの間で細部まで整え、形にしていただきました。こうして創造していく過程でも、if生物の生態に関する新たなアイデアが生まれ、そうしたアイデアを盛り込んだものが「ifのStory」です。

1種ずつ、思考実験と試行錯誤の繰り返し。関係皆様には改めて、感謝の意をここで述べておきたいと思います。ありがとうございます。

この本では、特定の分類群の"進化の系統"を読み解き、種によってはその進化の先にあった地球環境の変化や、他種との相互関係を意識することで、「if生物」を創造しています。

創造の前提条件となるこうした情報は、科学的な研究の成果として発表されたものです。なかには、いくつもある仮説の中から一つを抽出し、その仮説をもとに想像を展開した種もいます。

もちろん、科学は日進月歩。

研究の進展によって、こうした情報が変更され、ときには覆ることもあります。古生物学においては、一つの新たな発見が、それまでの"定説"を揺るがすことも少なくありません。

したがって、今回の「if生物」はあくまでも、「この本をつくる時点におけるif生物」です。前提条件が変われば、創造される「if生物」も変わるでしょう。採用する仮説によっても、別の「if生物」が創造できるはずです。

その意味で、読者のみなさんにも"エンターテイメントとしての思考実験"をぜひ、楽しんでいただきたいと思います。

博物館で化石標本を見るとき、図鑑で古生物の姿を見るとき、「もしも、このコたちが絶滅しなかったら、どんな子孫が進化しただろう?」と思いを馳せてみてください。

科学的な想像と創造の翼は、誰もが自由に羽ばたかせることができるものですから。

コロナ禍の中の上梓となりました。

企画始動の段階では、想像ができなかった不安定な社会環境下にあります。

コロナ禍の終息を祈りつつ、本書と本書から始まるみなさんの思考実験で、少しでも多くの人々が笑顔になってくれることを心から願いたいと思います。

2021年初春
筆　者

もっと詳しく知りたい読者のための参考資料

本書を執筆するにあたり、とくに参考にした主要な文献は次の通り。
※本書に登場する年代値は、とくに断りのないかぎり、
International Commission on Stratigraphy, 2020 /03, INTERNATIONAL STRATIGRAPHIC CHART　を使用している。

《一般書籍》

『アノマロカリス解体新書』監修：田中源吾, 著：土屋健, 2020年刊行, ブックマン社

『アンモナイト学』著：重田康成, 2001年刊行, 東海大学出版会

『凹凸形の殻に隠された謎』著：椎野勇太, 2013年刊行, 東海大学出版会

『恐竜学入門』著：David E. Fastovsky, David B. Weishampel, 2015年刊行, 東京化学同人

『恐竜学名辞典』監修：小林快次, 藤原慎一, 著：松田眞由美, 2017年刊行, 北隆館

『恐竜ビジュアル大図鑑』監修：小林快次, 藻谷亮介, 佐藤たまき, ロバート・ジェンキンズ, 小西卓哉, 平山廉, 大橋智之, 冨田幸光, 著：土屋健, 2014年刊行, 洋泉社

『古生物学事典 第2版』編集：日本古生物学会, 2010年刊行, 朝倉書店

『古第三紀・新第三紀・第四紀の生物 上巻』監修：群馬県立自然史博物館, 著：土屋健, 2016年刊行, 技術評論社

『古第三紀・新第三紀・第四紀の生物 下巻』監修：群馬県立自然史博物館, 著：土屋健, 2016年刊行, 技術評論社

『三畳紀の生物』監修：群馬県立自然史博物館, 著：土屋健, 2015年刊行, 技術評論社

『ジュラ紀の生物』監修：群馬県立自然史博物館, 著：土屋健, 2015年刊行, 技術評論社

『新版 絶滅哺乳類図鑑』著：冨田幸光, 伊藤丙男, 岡本泰子, 2011年刊行, 丸善株式会社

『生命史図譜』監修：群馬県立自然史博物館, 著：土屋健, 2017年刊行, 技術評論社社

『生命と地球の進化アトラス3』著：イアン・ジェンキンス, 2004年刊行, 朝倉書店

『ティラノサウルスはすごい』監修：小林快次, 著：土屋健, 2015年刊行, 文藝春秋

『デボン紀の生物』監修：群馬県立自然史博物館, 著：土屋健, 2014年刊行, 技術評論社

『白亜紀の生物 上巻』監修：群馬県立自然史博物館, 著：土屋健, 2015年刊行, 技術評論社

『白亜紀の生物 下巻』監修：群馬県立自然史博物館, 著：土屋健, 2015年刊行, 技術評論社

『Amphibian Evolution』著：Rainer R. Schoch, 2014年刊行, Wiley-Blackwell

『Biology and Conservation of Wild Felids』編：D. W. Macdonald, A. J. Loveridge, 2010年刊行, Oxford University Press,

『Dogs: Their Fossil Relatives and Evolutionary History』著：Xiaoming Wang, Richard H. Tedford, 絵：Mauricio Anton , 2008年刊行, Columbia University Press

『PTEROSAURUS』著：Mark P. Witton, 2013年刊行, Princeton University Press

『The Big Cats and Their Fossil Relatives』著：Mauricio Antón, Alan Turner, 2000年刊行, Columbia University Press

『The Biology and Conservation of Wild Felids』著：David Macdonald, Andrew Loveridge, 2010年刊行, Oxford University Press

『The Marshall Illustrated Encyclopedia of Dinosaurs and Prehistoric Animals』著：Douglas Palmer, 1999年刊行, Marshall Editions

『The Origin and Evolution Mammals』著：T. S. Kemp, 2005年刊行, Oxford University Press

『THE PTEROSAURUS FROM DEEP TIME』著：David M. Unwin, 2006年刊行, PI Press

『The Rise of Marine Mammals』著：Annalisa Berta, 2017年刊行, Johns Hopkins University Press

『TRAISSIC LIFE ON LAND』著：Hans-Dieter Sues, Nicholas C. Fraser, 2010年刊行, Columbia University Press

《WEBサイト》

ジャパン ケネルクラブ, https://www.jkc.or.jp/

JRA, https://www.jra.go.jp/

《学術論文》

Alfredo E Zurita, Matias Taglioretti, Martin Zamorano, Gustavo J Scillato-Yané, Carlos Luna, Daniel Boh, Mariano Magnussen Saffer, 2013, Zootaxa, vol.3721, no.4, p387 –398

Brian Andres, Timothy S. Myers, 2012 , Lone Star Pterosaurs, Earth and Environmental Science Transactions of the Royal Society of Edinburgh, vol.103 , p383 –398

Christian A. Sidor, David C. Blackburn, Boubé Gado, 2003, The vertebrate fauna of the Upper Permian of Niger —II, Preliminary description of a new pareiasaur, Palaeont. afr. , vol.39, p45 –52

Damien Germain, 2010 , The Moroccan diplocaulid: the last lepospondyl, the single one on Gondwana, Historical Biology: An International Journal of Paleobiology, vol.22 , no.1 -3 , p4 -39

D.S. Chaney, H.-D. Sues, W.A. DiMichele, 2005, A juvenile skeleton of the nectridean amphibian *Diplocaulus* and associated flora and fauna from the Mitchell Creek Flats locality (Upper Waggoner Ranch Formation; Early Permian), Baylor County, north-central Texas, USA., New Mexico Museum of Natural History & Science Bulletin 30 , p39

Elizabeth Martin-Silverstone, Mark P. Witton, Victoria M. Arbour, Philip J. Currie, 2016, A small azhdarchoid pterosaur from the latest Cretaceous, the age of flying giants. R. Soc. open sci. 3 : 160333 . http://dx.doi.org/10 .1098 /rsos.160333

Ellen Schulz, Julia M. Fahlke, Gildas Merceron, Thomas M. Kaiser, 2007, Feeding ecology of the Chalicotheriidae (Mammalia, Perissodactyla, Ancylopoda). Results from dental micro- and mesowear analyses, Verh. naturwiss. Ver. Hamburg, (NF) 43, p5 –31

Fernando Lencastre Sicuro, Luiz Flamarion B. Oliveira, 2011, Skull morphology and functionality of extant Felidae (Mammalia: Carnivora): a phylogenetic and evolutionary perspective, Zoological Journal of the Linnean Society, vol.161 , p414 –462

James R. Beerbower, 1963 , Morphology, Paleoecology, and Phylogeny of the Permo-Pennsylvanian amphibian *Diploceraspis*, Bulletin of the Museum of Comparative Zoology, vol.130 , no.2 , vol.130 , no.2 -108

Jason D. Pardo, Bryan J. Small, and Adam K. Huttenlocker, 2017, Stem caecilian from the Triassic of Colorado sheds light on the origins of Lissamphibia, PNAS, www.pnas.org/cgi/doi/10 .1073 / pnas.1706752114

Jérémy Anquetin, Pierre-Olivier Antoine, Pascal Tassy, 2007, Middle Miocene Chalicotheriinae (Mammalia, Perissodactyla) from France, with a discussion on chalicotheriine phylogeny, Zoological Journal of the Linnean Society, vol.151, p577 –608

Jeremy E. Martin, Thierry Smith, Céline Salaviale, Jérôme Adrien, Massimo Delfino, 2020, Virtual reconstruction of the skull of Bernissartia.fagesii and current understanding of the neosuchian–eusuchian transition, Journal of Systematic Palaeontology, DOI: 10.1080/14772019.2020.1731722

Julia M. Fahlke, Margery C. Coombs, Gina M. Semprebon, 2013, *Anisodon* sp. (Mammalia, Perissodactyla, Chalicotheriidae) from the Turolian of Dorn-Dürkheim 1 (Rheinhessen, Germany): morphology, phylogeny, and palaeoecology of the latest chalicothere in Central Europe, Palaeobio Palaeoenv, vol.93, p151–170

László Makádi, Michael W. Caldwell, Attila Ősi, 2012, The First Freshwater Mosasauroid (Upper Cretaceous, Hungary) and a New Clade of Basal Mosasauroids. PLoS ONE 7 (12): e51781. doi:10.1371/journal.pone.0051781

Linda A. Tsuji, Christian A. Sidor, J.- Sébastien Steyer, Roger M. H. Smith, Neil J. Tabor, Oumarou Ide, 2013, The vertebrate fauna of the Upper Permian of Niger—VII. Cranial anatomy and relationships of *Bunostegos akokanensis* (Pareiasauria), Journal of Vertebrate Paleontology, vol.33, no.4, p747-p763

M.J. Salesa, M. Antón, J. Morales, S. Peigné, 2011, Functional anatomy of the postcranial skeleton of *Styriofelis lorteti* (Carnivora, Felidae, Felinae) from the Middle Miocene (MN 6) locality of Sansan (Gers, France), Estudios Geológicos, vol.67, no.2, julio-diciembre, p223-243, ISSN:0367-0449, doi:10.3989/egeol.40590.186

Mark P. Witton, Darren Naish, 2008, A Reappraisal of Azhdarchid Pterosaur Functional Morphology and Paleoecology. PLoS ONE 3 (5): e2271. doi:10.1371/journal.pone.0002271

Mark P. Witton, Michael B. Habib, 2010, On the Size and Flight Diversity of Giant Pterosaurs, the Use of Birds as Pterosaur Analogues and Comments on Pterosaur Flightlessness. PLoS ONE 5 (11): e13982. doi:10.1371/journal.pone.0013982

Michael, S. Y. Lee, 1997, A taxonomic revision of pareiasaurian reptiles: Implications for Permain Terrestrial Palaeoecology, Modern Geology, vol.21, p231-298

Miguel DeArce, Nigel T. Monaghan, Patrick N. Wyse Jackson, 2011, The uneasy correspondence between T. H. Huxley and E. P. Wright on fossil vertebrates found in Jarrow, Co. Kilkenny (1865-67), Notes Rec. R. Soc., doi:10.1098/rsnr.2010.0081

Morgan L. Turner, Linda A. Tsuji, Oumarou Ide, Christian A. Sidor, 2015, The vertebrate fauna of the upper Permian of Niger—IX. The appendicular skeleton of *Bunostegos akokanensis* (Parareptilia: Pareiasauria), Journal of Vertebrate Paleontology, DOI: 10.1080/02724634.2014.994746

Nizar Ibrahim, Paul C. Sereno, Cristiano Dal Sasso, Simone Maganuco, Matteo Fabbri, David M. Martill, Samir Zouhri, Nathan Myhrvold, Dawid A. Iurino, 2014, Semiaquatic adaptations in a giant predatory dinosaur, Science, vol.345, p1613-1616

Nizar Ibrahim, Simone Maganuco, Cristiano Dal Sasso, Matteo Fabbri, Marco Auditore, Gabriele Bindellini, David M. Martill, Samir Zouhri, Diego A. Mattarelli, David M. Unwin, Jasmina Wiemann, Davide Bonadonna, Ayoub Amane, Juliana Jakubczak, Ulrich Joger, George V. Lauder, Stephanie E. Pierce, 2020, Tail-propelled aquatic locomotion in a theropod dinosaur, Nature, vol.581, no.67-70

R. Ernesto Blanco, Washington W. Jones and Andrés Rinderknecht, 2009, The sweet spot of a biological hammer: the centre of percussion of glyptodont (Mammalia: Xenarthra) tail clubs, Proc. R. Soc. B, doi:10.1098/rspb.2009.1144

Robert K. Carr, Zerina Johanson, Alex Ritchie, 2009, The Phyllolepid Placoderm *Cowralepis mclachlani*: Insights into the Evolution of Feeding Mechanisms in Jawed Vertebrates, JOURNAL OF MORPHOLOGY, vol.270, p775-804

Robert R. Reisz, David S. Berman, 1986, *Ianthasaurus hardestii* n. sp., a primitive edaphosaur (Reptilia, Pelycosauria) from the Upper Pennsylvanian Rock Lake Shale near Garnett, Kansas, Can. J. Earth Sci., vol.23, p77-91

Rudy Lerosey-Aubril, Stephen Pates, 2018, New suspension-feeding radiodont suggests evolution of microplanktivory in Cambrian macronekton, Nature Communications, vol.9, Article no.3774

Sterling J. Nesbitt, Stephen L. Brusatte, Julia B. Desojo, Alexandre Liparini, Marco A. G. De França, Jonathan C. Weinbaum, David J. Gower, 2013, Rauisuchia, Geological Society, London, Special Publications published online January 24, 2013 as doi:10.1144/SP379.1

W. Williston, 1910, Cacops, Desmospondylus; new genera of Permian vertebrates, GSA Bulletin, vol.21, no.1, p249–284

索引 青文字は if の古生物

■ 著者紹介

土屋　健 (つちや・けん)

オフィス ジオパレオント代表。サイエンスライター。埼玉県生まれ。日本古生物学会会員。日本地質学会会員。金沢大学大学院自然科学研究科で修士号を取得（専門は地質学、古生物学）。その後、科学雑誌『Newton』の編集記者、部長代理を経て独立し、現職。地球科学、とくに古生物学に関する著作多数。愛犬たちとの散歩と昼寝が日課。「もしも、高校時代に地学の楽しさを知らなければ」、今頃、ロボット開発に勤しんでいるはずだった（天馬博士になりたかった）。
2019年、サイエンスライターとして史上初となる日本古生物学会貢献賞を受賞。
近著に『学名で楽しむ恐竜・古生物』（イースト・プレス）、『リアルサイズ古生物図鑑新生代編』（技術評論社）、『化石の探偵術』（ワニブックス）など。本書と同じように「もしも」をテーマにした書籍としては、「もしも、古生物を食べることができたなら」というコンセプトのもとに執筆した『古生物食堂』（技術評論社）などがある。

■ イラストレーター紹介

服部雅人 (はっとり・まさと)

「生命」をテーマとして古生物復元画を中心に描くイラストレーター。名古屋市生まれ。
幼い頃から絵を描くのが大好きで、ゴジラの絵をたくさん描いた記憶が今でも鮮明に残っている。その後、なんとなく先生という仕事に憧れ、愛知教育大学教育学研究科芸術教育専攻で修士号を取得。名古屋市の公立小・中学校に長年勤務した後、早期退職して現仕事に就く。
「もしも、他の動物になってみることができるとしたら」、鳥になって大空を縦横無尽に飛び回りたい（人間の今は怖くてジェットコースターにも乗れませんが……）。

■ 監修者紹介（脊椎動物担当）

藤原慎一（ふじわら・しんいち）

名古屋大学博物館・講師。千葉県生まれ、埼玉県育ち。東京大学大学院理学系研究科で博士号を取得。専門は機能形態学・古脊椎動物学。その後、日本学術振興会特別研究員PD、東京大学総合研究博物館特任助教、名古屋大学博物館助教を経て、現職。2018年、日本古生物学会学術賞を受賞。　現在生きている動物の骨の形と運動機能の関係を調べ、そこから見つけた法則を絶滅動物に当てはめることで、過去の生物の生態を復元する研究を行っている。
「もしもドラえもんのひみつ道具をひとつだけ使えるとしたら」、（タイムマシンはお腹がつかえて乗れないので）タイムふろしきで包める（ような怖くない）サイズの化石を蘇らせて自分の仮説を検証したい。

■ 監修者紹介（無脊椎動物担当）

椎野勇太（しいの・ゆうた）

新潟大学理学部・准教授。千葉県生まれ。東京大学大学院理学系研究科で博士（理学）を取得。その後、東京大学総合研究博物館特任助教を経て、現職。専門は古生物学、地質学、進化形態学。特に、腕足動物、三葉虫、放散虫などの背骨を持たない動物化石を好む。
「もしも、新潟で新潟の日本酒や食べ物に出会ってなければ」、菓子パンやカップ麺、インスタント食材ばかりを食し、カシスウーロンで晩酌する日々を送っていたかもしれない。
主な著書は『凹凸形の殻に隠された謎─腕足動物の化石探訪』（東海大学出版会）。

■ 監修者紹介（ラテン語担当）

松田眞由美（まつだ・まゆみ）

東京都生まれ、千葉県育ち、埼玉県在住。
『語源が分かる恐竜学名辞典』（北隆館）の著者。
「もしも、プテラノドンが英語のように"テラノドン"と呼ばれていたら」、学名に興味をもつことはなかったかもしれない。
消えゆく言葉を大事にしたいと思う"趣味人"です。

■ 背景画像提供者リスト
　　P.81、82-83、102-103、133、134-135　服部雅人
　　※上記以外の背景は全て istock の画像を使用しました。

■ 3D 生物イラスト・シーン合成　　服部雅人
■ 装幀・本文デザイン　　　　　　横山明彦（WSB inc.）

"もしも" 絶滅した生物が進化し続けたなら
ifの地球生命史

発 行 日　　2021年　2月 13日　初版　第1刷発行
　　　　　　2021年　4月 17日　初版　第2刷発行
著　　者　　土屋　健
発 行 者　　片岡　巖
発 行 所　　株式会社技術評論社
　　　　　　東京都新宿区市谷左内町21 -13
　　　　　　電話03 -3513 -6150　販売促進部
　　　　　　　　　03 -3267 -2270　書籍編集部
印刷／製本　大日本印刷株式会社

ISBN978 -4 -297 -11920 -1 C3045
Printed in Japan